LES

SUJETS DE SEXE DOUTEUX

LEUR ÉTAT PSYCHIQUE

LEUR CONDITION RELATIVEMENT AU MARIAGE

Par G. DAILLIEZ,

DOCTEUR EN MÉDECINE DE LA FACULTÉ DE PARIS,

Ex-Interne de la Maison de secours pour les blessés de l'Industrie,
Membre adjoint de la Société anatomo-clinique de Lille.

LILLE
IMPRIMERIE L. DANEL
rue Nationale, 93.

PARIS
BAILLIÈRE, ÉDITEUR
rue Hautefeuille, 19.

1893.

LES
SUJETS DE SEXE DOUTEUX

LEUR ÉTAT PSYCHIQUE

LEUR CONDITION RELATIVEMENT AU MARIAGE

Par G. DAILLIEZ,

DOCTEUR EN MÉDECINE DE LA FACULTÉ DE PARIS,

Ex-Interne de la Maison de secours pour les blessés de l'Industrie,
Membre adjoint de la Société anatomo-clinique de Lille.

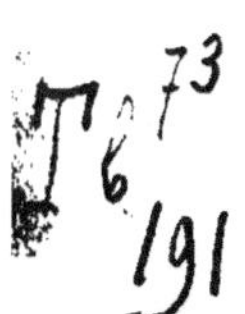

LILLE	PARIS
IMPRIMERIE L. DANEL	BAILLIÈRE, ÉDITEUR
rue Nationale, 93.	rue Hautefeuille, 19.

1892.

INTRODUCTION.

Le titre de ce travail, rapproché de l'âge de l'auteur, provoquera certainement des surprises, peut-être même des reproches. — A ceux qui nous trouveront trop jeune, nous répondrons que les responsabilités professionnelles incombent à tous les médecins sans distinction d'âge ni d'expérience, et que c'est parfois au lendemain de la thèse que s'imposent les questions les plus graves, les plus difficiles, les plus délicates, avec des circonstances telles qu'il n'est pas possible de les éluder. — A ceux qui observeront malicieusement qu'il existe bien d'autres sujets intéressants à traiter, nous répondrons d'abord qu'il en est peu dont l'étude présente autant d'intérêt ; nous ajouterons ensuite que peu trouvent de nos jours des bases aussi actuelles, presque nouvelles, dans des faits importants, d'origine plus ou moins variée, et de date plus ou moins récente.

Par ailleurs, nous faisons nôtre l'opinion de M. Ph. Jalabert, ancien doyen de la Faculté de droit de Nancy, actuellement l'un des distingués professeurs de la Faculté de droit de Paris :

Il ne sert de rien de taire ce dont les législateurs et les

magistrats (et surtout les médecins) ont le devoir de s'occuper ;
les cas dont on voudrait ignorer l'existence sont d'ailleurs
moins rares qu'on ne croit : les recueils des observations
médicales en font foi. Non seulement ce serait un procédé peu
scientifique ; mais il y aurait là un mépris systématique pour
les douleurs morales, que certaines situations peuvent com-
porter. La justice ne doit s'arrêter que devant les mystères
qu'il est impossible de pénétrer, ou devant les dangers qu'of-
friraient certaines recherches au point de vue de l'ordre
public et des bonnes mœurs. L'appréciation de ces impossibi-
lités ou de ces dangers doit être raisonnée, s'appuyer sur le
dernier état de la science et sur la connaissance des vraies
conditions de l'ordre public et de la morale sociale, telles qu'elles
sont comprises par la loi. Du reste, ce qui peut rassurer ceux
qui ne reculent pas devant ces études, c'est le but qu'ils
poursuivent ; tout dépend en effet de l'esprit qu'on y
apporte. » (1).

Loin de nous la prétention de résoudre complètement un
problème aussi complexe et aussi grave que celui des faits de
sexe douteux. Nous voulons seulement y apporter notre modeste appoint. Nous y avons été conduit et encouragé par notre
maître, M. le professeur Guermonprez. Nous le prions de vouloir bien agréer ici nos remercîments les plus sincères et l'assu-
rance de notre profond attachement.

Nous avons été favorisé par les judicieux conseils d'un

---

(1) Jalabert. *Examen doctrinal de jurisprudence* in *Revue critique de
législation et de jurisprudence*. XXVIIe année, nouvelle série, tome II.
Paris, 1872, p. 129.

Canoniste distingué, qui nous impose une discrétion à laquelle nous ne manquerons pas. Nous ne pouvons toutefois nous défendre de lui renouveler publiquement l'hommage de notre respectueuse reconnaissance.

Notre compatriote et ami Mᵉ Glinel, avocat, docteur en droit, ne nous a pas ménagé les documents, les discussions, les renseignements juridiques nécessaires à notre étude. Nous le remercions très cordialement de son zèle et de son inépuisable complaisance.

M. le professeur P. Brouardel (de l'Institut), nous fait le grand honneur d'accepter la présidence de cette thèse. Qu'il vouille bien agréer l'*hommage* très respectueux de nos sincères remercîments.

———

CHAPITRE PREMIER.

DÉFINITION.

Chez l'embryon, dès l'abord, les organes de la génération sont *essentiellement* représentés par les *glandes génitales* primitives. Dès cette époque, chaque être humain n'a qu'une seule paire de glandes. Si ces deux glandes deviennent des testicules, l'embryon sera homme ; chez la femme, les glandes génitales développées constitueront les ovaires. — L'être, qui mériterait le mieux le nom d' « hermaphrodite », serait celui qui porterait un ovaire d'un côté, un testicule de l'autre. — Quant à la juxtaposition de deux ovaires et de deux testicules, il est impossible d'en trouver la réalisation dans un être humain *simple*. — Si cette juxtaposition était irréfutablement constatée un jour, il faudrait l'expliquer par le fait classique des inclusions fœtales. On connaît suffisamment les bizarreries imputables à l'inclusion fœtale, pour que nous n'y insistions pas davantage. Sans doute, la juxtaposition de deux ovaires et de deux testicules, résultat de l'inclusion d'un fœtus masculin dans un fœtus féminin, ne serait pas la moins étrange de ces bizarreries. Mais il n'y a en cela rien d'impossible : ce ne serait qu'un cas particulier d'une catégorie connue et incontestée de faits aussi nombreux que variés. Un sujet semblable serait un monstre, assimilable à tous les monstres xiphopages et autres, comme était Millie-Christine. — Si au contraire il s'agit d'un être humain *simple*, il faut toujours bien se dire que cet être humain simple ne peut avoir qu'une seule paire de glandes génitales primitives, comme il n'a qu'une seule paire de bras, une seule paire de jambes, une seule paire de reins, une seule paire d'yeux, etc. — Comment expliquer alors les faits de P. Gast, (fœtus mal conformé, avec exstrophie de la vessie et spina bifida, ni ovaire ni testicule à droite, un ovaire et un testicule avec son gubernaculum à gauche); — de Heppner (un ovaire et un testicule de chaque côté) : — etc. — M. S. Pozzi, dans son traité de *Gynécologie*, fait table rase de ces prétendus faits : pour lui, les prétendus testicules de l'observation de Heppner ne seraient que des ovaires supplémentaires.... et ainsi des autres. — Si pourtant ces quelques faits étaient vrais, il faudrait admettre la théorie de **Waldeyer** : la glande génitale primitive aurait à la fois et les éléments nécessaires pour devenir testicule et les éléments nécessaires pour devenir ovaires, les uns disparaissant au fur et à mesure du développement des autres ; et il y aurait juxtaposition, aux cas où l'ébauche de l'ovaire ne s'atrophierait pas parallèlement au développement des rudiments du testicule, et vice versâ. Cette dernière théorie nous paraît la moins probable.

Les glandes génitales primitives sont juxtaposées au corps de Wolff. — Chez l'homme, ce corps de Wolff s'atrophie, sauf dans sa portion moyenne, qui s'accole au testicule et se transforme en épididyme. — La même atrophie évolue chez la femme, et la même persistance de la partie moyenne, qui forme, pour elle, l'organe de Rosenmüller ou parovarium du ligament large.

Le corps de Wolff possède un canal excréteur, le canal de Wolff, qui disparaît chez la femme, qui se développe au contraire chez l'homme pour donner le canal déférent.

Au contraire, les conduits de Müller, (canaux parallèles à ceux de Wolff), disparaissent chez l'homme et — se développent chez la femme. — S'ils se développent, ils demeurent distincts à droite et à gauche dans toute leur portion supérieure, (oviductes ou trompes de Fallope). Les deux se confondent en un canal unique et médian dans leur portion inférieure, (utérus et partie profonde du vagin).

Les conduits de Wolff, comme ceux de Muller, débouchent dans le cloaque primitif ; mais ils n'y aboutissent pas directement. Ils y arrivent par l'intermédiaire du sinus uro-génital. Ce sinus peut être considéré comme un prolongement de la partie antérieure de la vessie. Il représente chez l'embryon l'urèthre postérieur.

Des faits qui précèdent, il importe de retenir tout spécialement la coexistence des conduits de Wolff et des canaux de Müller pendant toute une longue période de la vie intra-utérine. Il est donc certain que tout être humain possède, pendant une partie de son existence, une paire de spermiductes et une paire d'oviductes, qui existent *simultanément*. — Pour ce segment des organes génitaux, on peut donc dire que tout être humain passe par une « phase d'hermaphrodisme ». — On a vu plus haut qu'il n'en est pas de même pour le segment profond, c'est-à-dire pour l'organe essentiel, qui est la glande.

Après avoir rappelé l'évolution de ce qu'on est convenu d'appeler les organes génitaux internes, il convient de résumer et de préciser les phases successives, par lesquelles passent les organes génitaux externes.

Vers la sixième semaine, apparaît, à l'extrémité antérieure de la fente cloacale, le tubercule génital, qui deviendra pénis ou clitoris (1).

Bientôt le tubercule génital se creuse sur la face inférieure d'une gouttière, ou sillon génital. — Ce sillon se ferme chez l'homme, constituant un canal, (portion spongieuse de l'urèthre), qui fait suite au sinus uro-génital (portion membraneuse de

---

(1) Les Latins, comme pour attester cette unité d'origine, n'ont qu'un seul terme, *Mentula*, pour désigner et le pénis et le clitoris.

l'urèthre). — Chez la femme, au contraire, la gouttière reste ouverte ou non ; et les bords du repli préputial (petites lèvres) limitent l'entrée du sinus uro-génital, qui reste très-court, (vestibule).

Enfin, il se développe, de chaque côté du tubercule génital, un repli cutané (repli génital). — Chez l'homme, les replis génitaux se soudent sur la ligne médiane et forment ainsi le scrotum. — Ils restent séparés et se renflent, chez la femme, pour constituer les grandes lèvres.

L'ébauche du segment externe, comme celle du segment profond, est réellement simple. Elle ne saurait donc donner naissance simultanément à un appareil mâle et à un appareil femelle bien conformés. — Le tubercule donnera *ou* un pénis *ou* un clitoris, jamais les deux. — Les replis génitaux deviendront *ou* grandes lèvres *ou* scrotum. — On n'a jamais vu un être humain porteur à la fois d'un clitoris *et* d'une verge.

Il semble donc qu'il ne doive pas y avoir de difficulté du côté de l'appareil externe. — C'est lui, au contraire, qui intéresse surtout les experts. — C'est sur lui que portent les « doutes » en fait de sexe. Et cela, grâce aux arrêts de développement.

Que la verge s'arrête dans son développement, que le clitoris s'hypertrophie, que le scrotum n'achève pas sa soudure médiane, les parties de l'homme ressembleront plus ou moins grossièrement aux parties de la femme. On se demandera si on est en présence d'un pénis petit, ou d'un clitoris hypertrophié ; de grandes lèvres boursouflées, ou d'un scrotum non soudé ; d'un urèthre hypospade ou d'un rudiment de vagin. — Si, comme c'est le cas le plus fréquent, les testicules ne sont pas descendus ; si la conformation générale subit le contre-coup de la conformation vicieuse des organes sexuels, *le doute* s'élève alors.. .. Le médecin hésite. Le nouveau-né qu'on lui présente est-il un homme ou une femme ? Heureux, s'il sait *douter* ; et si une précipitation coupable, un amour-propre mal compris, ne lui soufflent pas une décision hasardée, qui fera

courir les plus grands dangers à l'individu et à la Société, par
erreur de sexe !

« Il semble, dit M. Brouardel (1), qu'un médecin ne doit pas
avoir souvent, dans sa carrière, à rechercher le sexe d'un
individu. C'est plus fréquent qu'on ne le pense. Pour ma part,
j'ai eu (en 1887), six expertises, dans lesquelles j'ai reconnu
que les individus inscrits au moment de leur naissance comme
petites filles étaient devenus des hommes. »

Parsons a décrit un cas d'erreur de sexe, qui ne fut reconnu
qu'après la mort (2), et il y en a bien d'autres cas analogues,
qui sont plus récents.

M. Garnier (3) en a réuni vingt observations anciennes,
auxquelles s'ajoutent dix autres faits récemment recueillis.

« Les erreurs de sexe sont assez fréquentes, dit M. Ch.
Debierre (4), plus fréquentes même qu'on ne le croit générale-
lement ». Et l'auteur cite à l'appui de son dire nombre de faits,
— et notamment celui de Joseph Marzo, une femme à clitoris
développé, qui a vécu comme homme jusqu'à sa mort ; — celui
de Marie-Madeleine Lefort, considérée par les médecins comme
hypospade cryptorchide, démontrée femme à l'autopsie ; —
celui de Catharina Hohmann, qui est demeuré incertain ;
— celui de Schweikard, où un sujet, tenu pour fille jusqu'à l'âge
de 49 ans, vint demander la permission d'épouser une personne
enceinte de ses œuvres ; — celui de Schott, qui fut discuté en
1886 à la *Société de médecine de Vienne*, et qui demeure
indécis ; — celui dont les photographies furent présentées par
N. Descouts à la *Société de médecine légale de Paris*, le 7 juin
1886 ; — celui de Magitot (*Société d'anthropologie*, Paris
1881) ; — celui de Martini, qui concerne une sage-femme,
comme hypospade, traduit en justice pour avoir voulu violer

---

(1) *Gazette des hôpitaux*, Paris, 1er janvier 1887, page 1.
(2) **Parsons**, *mechanical and critical inquiry into the nature of
hermaphrodites*. London, 1741, in-8°.
(3) *Annales d'hygiène publique et de médecine légale*, 1885.
(4) D. **Chebierre**. *L'Hermaphrodisme*. Paris, Baillière, 1891.

une de ses clientes ; — celui du Dr Cummings, où il s'agit d'un
enfant abandonné et recueilli dans un asile. Examiné avec
soin, il est pris pour un hypospade. Deux ans après, l'autopsie
montre la présence d'un utérus ; — celui de M. Gérin-Roze,
qui fut élucidé, malgré toutes ses obscurités, chez un sujet de
26 ans, après une mémorable étude faite au sein de la *Société
médicale des hôpitaux* de Paris, le 28 novembre 1884 ; —
celui de M. Péan (1), qui se rapporte à un sujet de 27 ans,
élevé comme fille. exerçant la profession de mécanicienne
dans un grand atelier de femmes. C'était un homme nerveux,
excitable, débauchant les jeunes filles de son atelier, et n'ayant
d'autre souci que celui « de faire établir sur les registres de
l'état-civil l'identité de son sexe et de pouvoir mieux satisfaire
ses appétits sexuels désordonnés » (Péan) ; — celui de M. Pozzi
(*Société d'anthropologie*, 1889), qui se rapporte à un homme
perverti ; — celui que M. Polaillon a communiqué à l'*Académie de médecine*, le 7 avril 1891. L'erreur de sexe n'avait
été trouvée qu'à l'autopsie. Il s'agissait d'un homme, qui avait
mené une vie de femme débauchée !

Tant d'erreurs n'auraient pas été commises, si l'on avait plus
souvent *douté*. — On aurait recherché les signes, dont il sera
question plus loin ; on les aurait discutés et contrôlés. — On
aurait souvent trouvé la vérité. — Et, si parfois le doute avait
subsisté, il aurait du moins mis à l'abri de l'erreur.

On peut donc abandonner l'ancienne expression « *hermaphrodisme* ».

La vérité, c'est que le sexe est parfois **douteux.** Et il est
digne de la sagacité et de la sollicitude du médecin, d'appro-
fondir l'étude des sujets de sexe douteux ; de connaître leur
état psychique ; et d'apprécier leur accessibilité au mariage.—
Ces questions ont une portée plus haute qu'une simple curiosité ;
nous nous efforcerons de démontrer qu'elles ont une véritable
importance pratique.

---

(1) *Gazette des hôpitaux* 1884, p. 105.

CHAPITRE II

HISTORIQUE.

La connaissance de l'hermaphrodisme remonte à la plus haute antiquité. Les poètes l'ont chanté, comme l'expression de l'amour le plus intime, amour allant jusqu'à la fusion de deux êtres en un seul, qui gardait la nature de l'un et de l'autre : — cette première phase de l'étude de l'hermaphrodisme constitue la *période fabuleuse* de son histoire.

La législation romaine s'est occupée, à plusieurs reprises, des hermaphrodites. — Tout d'abord, elle formulait contre eux la condamnation suprême, il leur fallait mourir. — Plus tard, elle leur accorda la vie sauve, tout en prévoyant leurs droits et leurs devoirs : c'est la *période romaine*.

Au moyen âge, on discute beaucoup la sexualité double. L'hermaphrodite est-il un monstre ? Peut-on le baptiser ? Quels sont ses droits civils et religieux ? — Et cela dure jusqu'à ce que le progrès scientifique vienne poser les bases d'une division rationnelle, qui s'ouvre à tous les cas observés : *période des discussions civiles et religieuses*.

A. PARÉ s'était emparé de la question pour la résoudre au point de vue médical. Avec lui s'ouvre la *période scientifique*.

Et depuis lors, les travaux se succèdent; et le nom de bien des médecins illustres se rattache à l'histoire de l'hermaphrodisme.

En poursuivant ces recherches historiques, on se heurte toujours à la même erreur, qui se trouve, parfois dans le fait, et toujours dans le mot d'*hermaphrodisme*.—Toute la difficulté réside dans le doute, qui pèse plus ou moins longtemps sur la nature du sexe. — Tout l'intérêt se trouve dans les décisions intervenues et dans les motifs qui les ont inspirées.

Pour en bien apprécier l'importance, il faut savoir s'imposer le travail, souvent pénible et fastidieux, de remonter aux sources originales, malgré leurs obscurités, leurs lacunes, et même leurs erroments.

Après plusieurs mois de travail, nous n'avons pu mieux faire que le remarquable exposé historique de M. le professeur G. Tourdes, de Nancy, dans son judicieux et savant article du *Dictionnaire encyclopédique*. Nous y avons largement puisé. Qu'il nous soit permis toutefois de ne pas partager l'opinion de ce maître éminent dans tous les points de vue. Nous sommes parfois amené à un avis différent, mais à une contradiction, jamais.

Période fabuleuse.

En Égypte, on considérait Astarté, la divinité de la Lune, comme étant à la fois mâle et femelle. Ovide (*Métamorphoses*, lib. IV et II), Ausone (*Épigrammes*, LXIX, C et CI), le déclarent formellement.

Les Grecs représentaient la tête de Minerve unie à celle de Mercure ; leur Aphrodite était munie tout à la fois d'organes mâles et femelles.

Hermaphroditus était fils d'Hermès (Mercure) et d'Aphrodite (Vénus). Ce jeune homme s'était montré insensible aux charmes de la nymphe Salmacis. La nymphe demanda à s'unir à lui d'une manière indissoluble : *Nulla dies a me nec me deducat ab illo* (Ovide). Ses vœux furent exaucés : ils ne formèrent plus qu'un seul être. *Vota sua habuere deos, nam mixta duorum corpora junguntur faciesque inducitur illis.*

Hésiode, Ovide rapportent l'histoire de Tirésias. En marchant sur des serpents accouplés, il tue la femelle et devient femme. Sept ans après, dans une même rencontre, il tue le mâle et redevient homme : *Venus erat huic utraque nota* (Ovide, *Métamorphoses*, lib. XI). Il avait donc eu la jouissance des deux sexes. Aussi Jupiter et Junon le prennent-ils comme arbitre dans une discussion qu'ils avaient sur les avantages de l'un et de l'autre. Tirésias se prononce pour le sexe masculin, tout en avouant que les femmes sont plus sensibles (1).

La même alternance de sexe est signalée par Virgile (Énéide, VI, 640) : *Et Juvenis quondam nunc fœmina cœneus rursus et in veterem fato revoluta figuram.*

Ausone, dans les *Épigrammes*, raconte des faits du même genre : Un oiseau mâle devient tout-à-coup femelle : *Pavaque de pavo constitit ante oculos.* — Il cite un fait qui se serait passé en Campanie : *Unus epheborum virgo repente fuit.* — Mais Ausone, en même temps qu'il était poète, était, dit-on, médecin, et sa conviction médicale ne semble pas absolue : *Nova res*, dit-il, *et vix credenda poetis.*

De tous ces faits de la période fabuleuse, il est permis de conclure que l'hermaphrodisme n'était qu'une allégorie correspondant aux deux grands vices des sociétés antiques, l'usage contre nature des deux sexes : « N'était-ce pas, dit Laugier, un emblème divinisant sous les formes les plus séduisantes les deux vices honteux que nous ont légués les civilisations anti-

---

(1) Pour les poètes latins qui ont précédé et préparé la décadence de l'empire romain, la question de l'hermaphrodisme n'était qu'un prétexte à dissertations obscènes ou même érotiques. La chose est certaine. Nous n'en voulons pour preuve que le passage en question des *Métamorphoses d'Ovide.*

ques, la pédérastie et l'amour lesbien, qui, dans une double perversion du sens génésique, font jouer à l'homme et à la femme un rôle contre nature ? » (1). On n'a pas à compter les passages, dans lesquels les poètes anciens font allusion à des rapports de ce genre. Horace parle de *mascula* Sapho, (*Epist.* XIX, lib. I). Martial s'adresse *ad Bassam tribadem* (*Épigr.* XCI, lib. I); il la montre au milieu de personnes de son sexe : *Omne vel officium circà te semper obibat turba tui sexus. non adente viro.* Et, après des vers, dont le texte latin ne peut même être cité, il exprime cette formule caractéristique de l'hermaphrodisme féminin : *Mentiturque virum prodigiosa Venus.* Ces vices devaient être bientôt réprouvés, quand apparaîtrait le christianisme. Tertullien a écrit contre les hermaphrodites. Et Saint Paul, bien avant Tertullien, avait énergiquement flétri les vices contre nature (1).

Période romaine.

Dès l'abord, à Rome, comme jadis à Athènes, la naissance d'un hermaphrodite était considérée comme un mauvais présage. Le Conseil des Aruspices condamnait le malformé à être précipité dans le Tibre. Ainsi fut fait d'un hermaphrodite qui naquit en Ombrie, sous le consulat de Messalus et C. Licinius. Ainsi de celui de Lune, en Étrurie, L. Metellus et Q. Fabius Maximus étant consuls. Ainsi d'autres. Le fait est constaté par un passage de Tite-Live ; et Cicéron (*De Divinatione*, lib. I), témoigne des opinions qui régnaient à cet égard.

---

(1) LAUGIER, *Nouveau Dictionnaire de Médecine et de Chirurgie pratiques.* Paris, 1873. Tome XVII, page 489.

(2) Le lecteur curieux de connaître les expressions énergiques par lesquelles St-Paul anathématise les coupables, dont il est ici question, peut se reporter au texte même qui termine le 1er chapitre de l'*Epître aux Romains.*

PLINE L'ANCIEN (23.79 de l'ère chrétienne), raconte la déportation d'un hermaphrodite (1). « Il est certain, dit-il, qu'on a vu des femmes devenir hommes. Les Annales rapportent que sous le consulat de P. Licinius Crassus et de C. Crassus Longinus, un jeune homme du Mont-Cassin, encore sous la tutelle de ses parents, fut changé en jeune fille. Il fut déporté dans une île déserte par ordre des Aruspices. »

Mais la justice n'était plus la même, si l'erreur de sexe portait sur un adulte occupant une fonction publique, au lieu d'intéresser un simple enfant : « En Afrique, j'ai vu, dit Pline, une femme changée en homme le jour même de ses noces ».— Pline l'Ancien a donc été témoin d'un fait d'erreur de sexe, le jour même des noces. Et, comme c'est le cas le plus fréquent, il s'agissait d'un homme antérieurement tenu pour femme.

D'ailleurs, au temps de Néron, la barbare coutume qui condamnait à mort les hermaphrodites avait disparu. L'empereur se plaisait à faire traîner son char par des chevaux hermaphrodites : *Ostentabat Nero hermaphroditas submixtas equas.*

Si bien que, dans la rédaction du *Droit Romain*, on ne trouve plus trace du préjugé, qui considérait comme une calamité publique la naissance d'un hermaphrodite et rangeait cet événement, avec les pluies de pierres et de sang, parmi les signes de malheur.

A trois reprises différentes, le DIGESTE s'occupe des hermaphrodites. — Il pose d'abord la règle générale dans le titre V du livre 1er : *de statu hominum* : Quæretur *hermaphroditum cui comparamus ? Et magis puto ejus sexus æstimandum qui in eo prævalet.* Cette doctrine est encore celle que beaucoup appliquent aujourd'hui. Tant que l'individu est vivant, on le rapporte au sexe qui semble prévaloir en lui. On verra plus

---

(1) PLINE L'ANCIEN. *Histoire du Monde,* livre VII, chapitre IV : *de mutatione sexus.*

loin en quoi notre opinion diffère de celle du *Digeste*. — Le second passage du *Digeste* ayant trait aux hermaphrodites se trouve au titre II du livre XXVIII : *de liberis posthumis instituendis et exhœrendis.* L'homme seul a la puissance paternelle et le droit d'exhéréder ou d'instituer le posthume. Ce droit appartient-il à l'hermaphrodite ? Ulpien admet l'affirmative, si les organes masculins prévalent : *hermaphroditus plane, si in eo virilia prœvalebunt, posthumum hœredem instituere poterit.* — Le troisième passage est au titre V : *de Testibus.* Le droit d'être témoin d'un testament n'appartient qu'au mâle : ce droit peut-il être accordé à l'hermaphrodite ? La question se résout encore par la question du sexe qui prédomine : *hermaphroditus an ad testamentum adhiberi possit qualitas sexus incalescentis ostendit.*

De ces textes de lois, il est facile de conclure à la doctrine médicale accréditée pendant la période Romaine. — La preuve scientifique n'était pas faite ; les apparences étaient tenues pour suffisantes : — le doute subsistait et on considérait comme une base acceptable les apparences d'un sexe qui prédominait sur l'autre. — Il ne semble même pas qu'à cette époque, où les médecins étaient des esclaves ou des affranchis, rarement des hommes libres, jamais des princes, il ne semble même pas que les médecins aient été appelés à dégager les magistrats de cette incertitude !

Les faits sont authentiques ; ils n'ont plus rien de fabuleux ; mais ce qui nous en reste ne présente aucun caractère scientifique. Il n'est donc pas étonnant que les décisions prises manquent de considérants sérieux et restent encore dans une sorte de chaos.

Période des discussions civiles et religieuses.

Une hérésie a eu cours au sujet de l'hermaphrodisme. S'appuyant sur le verset 27 du chapitre I de la Genèse :

Masculum et feminam creavit eos : on en avait conclu qu'Adam était hermaphrodite. Voltaire ! — devait plus tard reprendre cette opinion : « Une pieuse dame, dit-il, était sûre qu'Adam avait été hermaphrodite, comme les premiers hommes du divin Platon » (1). — Cette erreur compte encore quelques partisans : on en trouve la trace dans un livre publié à Paris en 1891. — Il y a longtemps cependant que Menochius a réfuté la chose dans son *Commentaire sur la Bible : masculum et feminam creavit eos, non simul, sed successive, non ergo Adam hermaphroditus, quod quidem hœreticus ausus est dicere.*

Pendant la période du moyen-âge, l'idée de la sexualité double prédomine ; et l'on soulève nombre de questions religieuses et civiles, se rattachant aux devoirs et aux droits des hermaphrodites, avec une rigoureuse sévérité dans les applications pénales.

Les hermaphrodites sont-ils des monstres ? La question était soulevée, et sa solution pouvait être fatale à l'individu qui en était l'objet. GASPARD BAUHIN (1) l'avait dit à la fin du seizième siècle : « Quant à l'être qui, moitié homme et moitié femme, fait injure à la nature, il doit être mis à mort. » — TEICHMEYER (2) reconnaît qu'on a fait périr les hermaphrodites *tanquam prodigii et sinistri ominis aliquid significantes.* — LICETIS ne les considère pas tous comme des monstres : il n'attribue ce caractère qu'à ceux, chez lesquels on ne découvre aucun sexe. — P. ZACCHIAS enfin résout la difficulté. Il se prononce catégoriquement pour la solution, qui sauvegarde la vie des herma-

---

(1) *Dictionnaire philosophique*, art. ADAM, sect. 2.

(2) BAUHIN, né à Bàle, le 17 janvier 1550. Y occupa une chaire de médecine. Fit paraître un grand nombre d'ouvrages, entre autres, plusieurs traités d'Anatomie, et un volume intitulé : *De hermaphroditorum, monstrosorumque partuum naturâ.* Francofurti, 1604, in-8°.

(3) TEICHMEYER, 1685 environ, professeur de médecine à l'Université d'Iéna.

phrodites : *hermaphroditi monstra non sunt , nec pro monstris a legibus habentur, sed in mulierum aut virorum sexu reputantur, a quibus non habent peculiare.*

Les hermaphrodites sont-ils irréguliers ? Peuvent-ils se marier, être admis dans les ordres, entrer dans un couvent, hériter d'un fief ? — Ces questions, très importantes sous la législation de l'époque, sont discutées par les théologiens et les jurisconsultes. Presque toujours elles sont résolues négativement. — Chaque cas particulier était à cette époque étudié et discuté par des hommes compétents. — Quand la question était résolue dans le sens le plus favorable, le prétendu hermaphrodite était reconnu comme sujet du sexe masculin, et il en avait tous les droits. — Dans le cas contraire, on eût considéré comme un scandale qu'un hermaphrodite jouît des prérogatives qui exigeaient le sexe masculin. — A plus forte raison, si le sexe était absolument douteux, et si la question était tenue pour insoluble : l'hermaphrodite n'avait que le minimum des droits, les droits de la femme.

On peut baptiser l'hermaphrodite , parce qu'il n'est pas un monstre. Mais si l'on s'est trompé sur le sexe, si l'homme a été pris pour une femme, faut-il réitérer le baptême ? Non : *baptismus non reiteratur, sed nomen tantùm mutatur.* Mollerus conseille, au cas du sexe douteux, de donner un nom d'homme, et il en donne une curieuse raison, *natura semper ad meliora et perfectiora inclinat.*

Bauhin passe en revue les différentes positions de la vie sociale, discutant gravement si elles peuvent être occupées par des hermaphrodites : *an potest esse medicus, advocatus, rector Universitatis ?* La conclusion est presque toujours négative, et la sanction aux infractions, sévère.

L'hermaphrodisme a surtout été discuté à propos du mariage et de l'abus des fonctions génitales. — Le mariage n'était pas permis si aucun sexe n'était distinct ; — si l'un des sexes prévalait, il avait lieu suivant ce sexe. — Dans le doute, on laissait le choix du sexe à l'hermaphrodite, mais en lui faisant jurer de s'en tenir au sexe-choisi (Baldi). Au cas, admis alors, d'organes parfaits des deux sexes, il n'avait pas le droit de se servir des uns et des autres : le choix devait être fait : et la peine capitale atteignait celui qui transgressait cette loi : « Et à ceux-ci, dit A. PARÉ, qui ont les deux sexes bien formés et s'en peuvent aider et servir pour la génération, les lois anciennes et modernes ont fait et font encore élire de quel sexe ils veulent user, avec défense, sous peine de perdre la vie, de ne se servir que de celui auquel ils auront fait élection. » Il ajoute : « Et aucuns en ont abusé de telle sorte que par un usage mutuel et réciproque paillardaient de l'un et de l'autre sexe, tantôt d'homme, tantôt de femme, à cause qu'ils avaient nature d'homme et de femme proportionnée à tel acte. » — Des organes même imparfaits peuvent servir à cet usage alternatif, les cas de ce genre ne sont pas rares. — MONTAIGNE parle dans le premier volume de ses *mémoires* d'une femme des environs de Plombières, mariée comme telle, et qui, son véritable sexe ayant été reconnu, fut pendue parce qu'elle avait fait un mauvais usage de ses organes.

Les mutations subites du sexe étaient autrefois admises : A. PARÉ en a réuni les histoires mémorables. C'est ainsi qu'il rapporte avec détails l'histoire de Germain, à Vitry-le-François, tenu pour fille jusqu'à 25 ans : « Or, ayant atteint cet âge, comme il était au champ, traverse un fossé, le voulut affranchir, et l'ayant sauté, à l'instant viennent à lui développer les génitoires et la verge virile et s'en retourna larmoyant à la maison, disant que les tripes lui étaient sorties du ventre. » Les médecins et chirurgiens virent alors qu'il était homme; et, de par l'autorité ecclésiastique, il reçut un nom d'homme.

Parmi les procès qui sont restés dans l'histoire de l'hermaphrodisme, on peut citer celui de Marin le Marces, dont Duval, en 1612, a donné à Rouen la relation détaillée. Le sujet, qui s'était marié, fut condamné à mort pour avoir abusé de son sexe. Il devait être brûlé et ses cendres dispersées au vent. Des chirurgiens, des sages-femmes avaient constaté l'abus du sexe. Duval , assisté d'autres experts, fit revenir sur ce jugement.

Le dernier procès de ce genre, où la question pénale se mêlait au droit civil et religieux, est celui d'Anne Grandjean, prétendue hermaphrodite, dont le mariage fut annulé en 1765 par le Parlement do Paris , après une longue détention. Baptisée comme fille à Grenoble en 1742, elle éprouva plus tard des instincts qui n'appartenaient pas au sexe qui lui avait été donné. Elle se maria comme garçon à Chambéry, en 1761. Ce fait étant dénoncé, les magistrats de Lyon décrétèrent de prise de corps la prétendue hermaphrodite. On la mit dans un cachot, les fers aux pieds, et on finit par la condamner à être attachée au carcan avec un écriteau portant ces mots : « Profanateur du Sacrement de mariage », à être ensuite fouettée par l'exécuteur de la haute Justice, et à un bannissement perpétuel. Sur l'appel de la Sentence , Anne Grandjean fut transférée à Paris. Ses organes furent examinés: « Mentule qui sortait des grandes lèvres, au-dessus du méat urinaire, gland imperforé, deux espèces de testicules vers l'orifice, point de barbe, organe distinctif du sexe féminin mêlé avec plusieurs signes trompeurs de la virilité ». Le Parlement, considérant l'état de l'accusé et sa bonne foi, n'aperçut en lui qu'un individu que la nature elle-même avait trompé, et, par arrêt du 10 janvier 1765, la sentence de la sénéchaussée de Lyon fut infirmée quant aux peines prononcées contre Grandjean. Le mariage fut déclaré nul et abusif. Il fut enjoint à Anne de reprendre l'habit de femme.

Tant de discussions et de controverses prouvent bien la sollicitude, qui inspirait les juges des tribunaux civils et ecclésiastiques S'ils ne parvenaient pas toujours à rendre des arrêts à l'abri de toute critique, il faut en rendre responsable l'imperfection des notions scientifiques de leur temps ; il faut surtout incriminer les stériles discussions : *hermaphroditi an monstra sunt ? an sunt aut non sunt ?* etc. etc.

La nécessité d'une base scientifique était alors parfaitement comprise. Les Tribunaux voulaient des expertises, des contre-expertises. Ils exigeaient surtout une grande compétence et un sage discernement de la part des experts. Ceux-ci n'étaient jamais des sages-femmes, mais bien des médecins.

Les décisions barbares, les appréciations obscurcies par l'ignorance et le chaos de la période romaine, étaient donc définitivement closes. La voie était ouverte aux recherches et aux discussions véritablement scientifiques, comme l'exigent la vérité et la justice.

Période scientifique.

La médecine s'était emparée de la question de l'hermaphrodisme, en même temps que se discutaient les points de Théologie et de Droit. « Les médecins et chirurgiens *bien experts et avisés*, dit A. Paré, déterminent ceux qui sont plus aptes à tenir et à user de l'un que de l'autre sexe, ou des deux, ou du tout rien ».

Longue serait la liste des mémoires écrits depuis lors. BAUHIN, DUVAL, RIOLAN, SAVIARD, ALBERTI, TEICHMEYER, LICETUS, MÉRY, MORAND, FERREIN, VALLISNIERI. PETIT (de Namur), J. L. PETIT, PARSON, ARNOUD DE RONSIL, LEPÉCHIN, REYERUS, MATHIEU, HOIN, MŒLLER, WOLFART, BURCKARD, BODINELLI, HUNTER, HALLER, MARET, RUYSCH, GENTILI, EVERARD, HOME, ACKERMANN, SEILER, WRISBERG, PINEL, HUFELAND MOREAU, MIERSINA, RUDOLPHI, MECKEL, BLUMENBACH, CHEVREUIL, DESGENETTES, RENAULDIN, MARC, HENTO, BÉCLARD, WORBE, PIERQUIN, DUGÈS, CASTEL, BOUILLAUD, LARREY, TOURTUAL, MARTINI, FOLLIN, RICCI, SIMPSON, HOMES, LUIGI DE CRECCHIO, LAUGIER, AMBROISE TARDIEU, GEOFFROY-SAINT-HILAIRE seraient à placer à côté d'autres auteurs d'observations plus récentes. Bref, les faits s'accumulent.

M. le prof. BROUARDEL a réuni les éléments d'un diagnostic qui permet le plus souvent d'arriver à la constatation du sexe.

L'embryologie tend à rendre compte de la production des sexes prétendus doubles.

L'histologie fournit le criterium, en permettant de préciser la nature des organes.

La hardiesse des laparotomies antiseptiques a permis à M. le prof. PORRO (de Milan), d'aller examiner *in vivo* la nature des glandes génitales, pour en déduire des conclusions formelles.

Les applications médico-légales enfin sont à l'ordre du jour, et M. le prof. TOURDES (de Nancy) a beaucoup fait déjà pour arriver à les mettre en rapport avec le droit moderne.

CHAPITRE III.

TROUBLES PSYCHIQUES ET MORAUX.

L'erreur de sexe a les plus fatales conséquences. Le malheureux est placé hors de sa phère, condamné à une éducation et à des habitudes contraires à sa nature. Mais celle-ci reprend parfois le dessus et les abus les plus graves s'en suivent.

Fourberie.

L'éducation est fausse. La vie entière en est dévoyée. Il semble que ces infortunés, élevés comme à rebours, aient la conscience des irrégularités de leur passé. — Ils éprouvent le besoin de cacher la vérité. — La fourberie leur est souvent familière.

En 1693 arrivait à Paris, un personnage, qui se disait hermaphrodite. Il arrivait en habit d'homme, l'épée au côté, le chapeau retroussé. Sous le nom de Marguerite Malaure, il se produisait dans les assemblées publiques et particulières de médecins et de chirurgiens, et se laissait examiner pour une légère gratification à ceux qui en avaient la curiosité. « Il y eut même, affirme Mahon, des médecins et des chirurgiens qui assurèrent hautement que Marguerite était hermaphrodite ». Survint B. Saviard. Il l'examina, reconnut une descente de matrice, la réduisit et la guérit... Marguerite Malaure, rétablie de sa maladie, présenta au roi sa requête pour obtenir la permission de l'habit de femme malgré la sentence des Capitouls de Toulouse, qui lui enjoignait de porter l'habit d'homme (1).

Il ne s'était pas agi ici d'une simulation grossière. Il y avait réellement sexe douteux. — Des médecins l'avaient constaté. — D'ailleurs l'arrêt des Capitouls de Toulouse et celui du Parlement de Paris sont en contradiction complète : on peut au moins en conclure que le sexe était loin d'être net.

Dégénérescence morale.

Les hermaphrodites ne sont pas seulement des fourbes. M. le Dr Raffegeau (2) conseille au médecin légiste de les considérer comme des dégénérés et de les traiter comme tels. Et il ne fait exception pour aucun. — C'est aussi l'avis de M. le Dr Chevalier (3) qui choisit, comme types de dégénérés parfaitement caractérisés, les individus qui nous occupent ; pour lui, les malformations des organes génitaux sont les stigmates de la dégénérescence.

Mais c'est surtout l'ensemble des troubles moraux, qu'il importe d'étudier. « Les hermaphrodites sont-ils des êtres normaux au point de vue moral ? » M. Ch. Debierre, qui se pose la question, trouve difficile d'y répondre : « Les uns sont des faibles d'esprit ; les autres, s'ils sont intelligents, actifs et laborieux (dit-on), sont le plus souvent des déséquilibrés ; ce seraient des impulsifs, les uns mélancoliques jusqu'au suicide, les autres maniaques » (4).

---

(1) MAHON. *Encyclopédie de Diderot et d'Alembert*. Chirurgie. Paris, an VI, p. 180.

(2) RAFFEGEAU. *Du rôle des anomalies congénitales des organes génitaux dans le développement de la folie*. Thèse de Paris, 1884.

(3) CHEVALIER. *L'inversion sexuelle*. Paris, 1893. p. 334.

(4) Ch. DEBIERRE. *L'hermaphrodisme*. Paris, 1891, p. 134

Dans son livre sur l'*Inversion sexuelle*, M. le Dr Chevalier
a étudié avec plus de précision les penchants des pseudo-
hermaphrodites :

« L'hermaphrodite apparent, dit-il, peut se trouver dans un
» des trois cas suivants :

» 1° Le malformé n'a aucun penchant sexuel, la frigidité
» est complète ;

» 2° L'inclinaison amoureuse existe seulement pour les
» individus du sexe opposé, ce qui est régulier. Je n'aurai rien
» à dire de ces cas, si la grande majorité des malformés
» n'étaient des pseudo-hermaphrodites, et si la majorité des
» hermaphrodites n'étaient des hypospades, c'est-à-dire des
» individus, dont il est souvent difficile de déterminer le sexe
» véritable, ce qui donne lieu à de fréquentes erreurs de sexe.

» Il en résulte un *véritable danger social.*

» A la naissance, l'hypospade se présente généralement avec
» les caractères du sexe féminin. Le scrotum est bifide de
» façon à offrir l'aspect d'une vulve ; à ce niveau existe souvent
» une dépression, un infundibulum, que l'on peut prendre
» pour un vagin ; les deux replis qui en forment les bords
» simulent les grandes lèvres ; ils ne renferment d'ordinaire
» aucune tumeur, rien qui permette de croire à la présence
» d'un testicule ; de plus, la verge atrophiée donne l'illusion
» d'un clitoris volumineux. Il s'en suit que, dans la majorité des
» cas, l'hypospade, c'est-à-dire un être mâle, est considéré
» comme étant du sexe féminin : de là des fausses déclarations,
» des fausses inscriptions sur les registres de l'état-civil. —
» Ce n'est pas tout. L'enfant étant pris pour une fille, on
» l'élève, on l'habille, on l'instruit comme telle, et il prend
» peu à peu en grandissant, les mœurs, les habitudes, les goûts
» de son faux sexe. On le met en pension, dans une institution
» de demoiselles, dans un couvent, dans un atelier de jeunes
» filles. — Arrivent la puberté et l'évolution ou la migration
» testiculaire : le malheureux, ramené à des désirs naturels,

» se découvre des tendances, des désirs qu'il ne comprend
» pas, qui l'étonnent et l'effraient à la fois. Ces désirs sont
» quelquefois pour l'hermaphrodite une sorte de révélation :
» il se prend à douter de son sexe et se soumet à un examen
» qui vient l'éclairer. L'homme-femme est alors rendu à son
» véritable sexe. Mais qu'il n'ose avouer son infirmité et qu'il
» obéisse à ses penchants, voilà, suivant le vieux cliché, « le
» loup dans la bergerie ». La fausse jeune fille aura des
» relations intimes avec les jeunes filles de son âge, les per-
» vertira presque forcément, et avec d'autant plus de sécurité
» que les faits de ce genre sont peu connus et ne seront pas
» soupçonnés. On conçoit sans peine les désordres qui peuvent
» résulter d'un pareil état de choses. — Bien que beaucoup
» plus tard, les erreurs de sexe opposées se rencontrent
» quelquefois ; et l'on se rend compte des appétits malsains, que
» la gynandre éveillera dans un lycée, dans un séminaire, dans
» une prison.

» Quoi qu'il en soit, le seul préjudice, que l'erreur de sexe
» cause aux hermaphrodites exige, qu'on se préoccupe des
» moyens d'améliorer la situation qui leur est faite aujourd'hui.
» Sans nous appesantir sur certains droits civils si différents
» suivant les sexes, ni sur les inconvénients fâcheux qui en
» résultent dans le mariage, une des conséquences les plus
» graves que peut entraîner la constatation erronée du sexe,
» c'est le déchirement, la démoralisation, le désespoir profond
» qui accompagne le changement d'état-civil et de situation
» sociale. Tout se bouleverse dans les sentiments, les pensées
» et les gestes de l'individu ; et, c'est avec la plus grande diffi-
» culté que, placé dans une sphère nouvelle, il parvient à s'en
» assimiler les goûts, les idées et les devoirs. Déclassé,
» indécis, hésitant entre l'instinct et l'habitude, il arrive que
» le malheureux termine par le suicide une existence pleine
» de déboires, de tribulations, et d'humiliations. Qu'on ne
» vienne pas arguer que ces faits sont rares, exceptionnels.
» P. Garnier a rassemblé plus de trente erreurs de sexe, et

» combien de cas ont échappé à sa statistique, combien de
» malformés on coudoie dans la rue qui n'osent, par igno-
» rance, honte, ou faiblesse de penchant sexuel, se soumettre
» à un examen scientifique et réclamer la rectification de leur
» état-civil !

» 3° L'appétit sexuel est égal pour les deux sexes ; il y a
» double direction de l'instinct, ce qui constitue une forme
» particulière d'inversion.

» 4° Les relations sexuelles ne sont recherchées et pra-
» tiquées qu'avec des personnes appartenant au sexe dont le
» malformé fait réellement partie lui même ; la perversion est
» très nette. » (J. Chevalier, l'*Inversion sexuelle*, Paris,
G. Masson, 1893, p. 282.)

Un fait se dégage des diverses observations qui ont été
publiées. Le plus souvent. les auteurs qui ont examiné le côté
moral des sujets observés, ont relevé les mauvais penchants.

A ce point de vue, les malconformés sont assimilables aux
eunuques dont parle M. le Dr Sicard : « Les eunuques, s'ils
sont dégradés physiquement, ne le sont pas moins moralement;
à cet égard, il y a unanimité dans le jugement porté sur eux.
Leur infériorité vis-à-vis des autres hommes consiste dans
l'abaissement du caractère , le défaut d'énergie morale et
l'affaiblissement de l'intelligence ». Dr H. Sicard, *l'Évolution
sexuelle dans l'espèce humaine*, Paris, Baillière, 1892,
page 265) (1).

Preuves de dégénérescence morale.

M. Ch. Debierre, dans son livre sur l'hermaphrodisme,
relate tout au long l'histoire de Joseph ou Joséphine Marzo :

-----

(1) C'était d'ailleurs l'opinion de GUY DE CHAULIAC. On lit, en effet, dans
les *Notabilia supra Guidonem scripta*, Lyon MDLIX, à la page 241 :
« quilibet eunuchus habet vocem subtilem, et est vilis consuetudinis et
moris, et absque barba. Nunquam fuit auditum quod aliquis castratus
esset bonorum morum. »

Marzo portait une verge de 8 centim., avec gland volumineux, et une prostate : voilà pour l'homme ; des ovaires, des oviductes, un utérus, et un vagin long de 6 centim. : voilà pour la femme. Marzo mourut à 56 ans, après avoir eu une série d'aventures galantes et contracté deux blennorrhagies, et alors seulement on reconnut son véritable sexe ! (Ch. Debierre, l'*Hermaphrodisme*, Paris, Baillière, 1891, p. 49).

Tardieu eut à visiter un jour un individu de seize ans arrêté sous des vêtements féminins, se livrant à la prostitution clandestine, perdue de débauche.

On l'avait renvoyé de Saint-Lazare comme n'appartenant pas au sexe féminin. Il u'en avait que les apparences. C'était, en effet, un jeune garçon mal conformé, et dès l'enfance livré aux habitudes les plus crapuleuses, servant aux plaisirs des hommes de la plus basse classe Le pénis n'avait pas plus de 3 centim. de longueur et était gros comme l'extrémité de l'index. Il était encapuchonné par des replis, qui descendaient de manière à simuler les petites lèvres ; et les deux moitiés du scrotum non réunies complétaient l'apparence d'une vulve. Vu la forme de l'anus, il était évident que ce malheureux individu s'était prêté depuis longtemps à des actes deux fois contre nature. Il était infecté d'une syphilis constitutionnelle des plus graves.

« C'est là, ajoute Tardieu (1), le plus triste exemple que l'on puisse voir de ces vices de conformation compliqués des aberrations sexuelles les plus épouvantables. »

En 1889, M. Pozzi présentait à la Société d'Anthropologie de Paris, un sujet d'aspect féminin, vêtu en femme, homme en réalité. De dix-huit à vingt ans, ce sujet éprouva du penchant pour les femmes et eut des maîtresses. Pendant dix ans, il eut des rapports avec des femmes ; puis, vers l'âge de trente ans, il devint la maîtresse

____

(1) A. Tardieu. Question médico-légale de l'identité, Paris, 1874, p. 55.

d'un homme, pour lequel il eut la plus grande affection, ce qui ne l'empêchait pas, entre temps, d'avoir des rapports avec des femmes !

M. Polaillon a communiqué à l'Académie de Médecine un fait d'hermaphrodisme masculin. Le sujet, habillé en femme, s'adonnait à une vie galante.

Julie D......, dont l'observation a été lue à la *Soc. méd. des hôp. de Paris* par M. Gérin-Roze, était certainement un homme malgré son état-civil. Néanmoins, elle ne se sentait nullement attirée vers le commerce féminin ; elle goûtait, au contraire, une satisfaction très marquée dans la société des hommes.

Schneider (*Jahrb. d. Staatsarzneik von Kopp*, 1809), a connu deux femmes hermaphrodites, dont l'une, après avoir fait les campagnes de la guerre du Hanovre, en qualité de hussard de la mort, s'établit marchande de pigeons. La lascivité, qui la portait souvent à attaquer les hommes, fit d'autant plus de sensation, que cette personne n'avait jamais témoigné le désir de se marier. Elle mourut, mais on ne put examiner son cadavre, parce qu'elle avait menacé de sa malédiction quiconque oserait faire des recherches sur elle.

Lobder (*Bibl. chirurg.* de Richter, XIII, 212) a connu une femme hermaphrodite, qui, après avoir été mariée quelque temps, quitta son mari pour pouvoir se livrer plus facilement au libertinage (Marc. *Dict. en 60 vol.*, 118, 119).

Le sujet, observé en 1885 par M. Gaffé, de Nantes, paraît bien être un masculin hypospade et cryptorchide, bien que l'observateur se soit abstenu de conclure. Un fait domine la situation, c'est la facilité et la fréquence des érections, comme s'il s'agissait d'une manifestation symptomatique de quelque maladie de la moëlle. Dans ces conditions, qui confinent à l'état pathologique, la perversion du sens génésique peut et doit acquérir une importance particulièrement grande, tant pour le sujet lui-même, que pour les personnes qui deviennent victimes de sa perversion sexuelle. L'état anormal du sens génésique du sujet est révélé par ce fait d'une égale impressionnabilité pour un sexe et pour l'autre. Son influence démoralisante sur d'autres ne saurait être entièrement connue ; mais il y a un fait qui suffit à en donner la mesure. « Sa cousine..... veut, bon gré, mal gré, l'épouser..... Mais c'est surtout parce qu'elle a entendu dire que, se mariant avec son cousin, elle n'aurait jamais d'enfant, et elle ne veut pas avoir d'enfant. » C'est tout le motif de la démarche faite auprès de M. le Dr Gaffé : la mère de la jeune fille pose la question de savoir si ce propos est fondé et si son neveu est apte au mariage.

Faits de démoralisation.

« J'ai eu dans mon service, écrit M. Lucas-Championnière, à l'hôpital Tenon, pendant un an, un être dont l'état général était plus masculin (que féminin).

» C'était une femme à barbe bien connue dans les foires de Paris.. Aussi avait-il été marié comme femme à l'âge de dix-sept ans. A vingt ans la barbe était venue. Le mari ne s'en était pas beaucoup troublé ; on rasait la barbe le dimanche..... ; et, les époux étant vignerons, la force musculaire de l'épousée n'était pas à dédaigner... Après quatorze ans de vie commune, le mari mourut ; la femme devint aveugle, erra dans les foires, où elle se montrait après avoir laissé pousser sa barbe... »

De même que trois autres sujets analogues observés par M. J. Lucas-Championnière, celui-ci éprouvait de vifs désirs vénériens. Tous profitaient des doutes sur leur sexe, pour s'y livrer en double. Cependant toutes ces prétendues femmes avaient surtout du penchant pour les femmes, s'y livraient avec une grande préférence, et représentaient absolument, dans les hôpitaux ou dans les ateliers, le loup dans la bergerie. (*J. de méd. et de chir. prat.*, Paris, 1885, LVI, 67).

Laure R..., 24 ans, observée par M. Péan, abuse du coït avec des jeunes filles de l'atelier *qu'il débauche*.

Dans une brochure humoristique intitulée : « *Uomo o donna !* », M. le professeur Filippi, de Florence, trace une esquisse psychologique de Virginie M...., une femme mal conformée.

A dix ans, M... a senti des désirs érotiques, auxquels elle donnait satisfaction par de fréquents attouchements et de diverses manières. Depuis sa jeunesse, elle s'est toujours sentie attirée vers le sexe masculin, mais plutôt pour assouvir ses sensations charnelles, que par besoin d'affection morale. *Car* (je cite ses propres paroles) *il me plaît d'être libre comme l'air et de n'être commandée par personne, pas même par mes parents.* C'est à vingt ans qu'elle subit pour la première fois l'approche d'un homme. *J'avais*, écrit elle, *l'esprit plein de cette chose et je la désirais. Maintenant, j'ai toujours besoin d'émotions, et de changer souvent d'homme et de pays.* Cette tendance érotique très marquée pour le sexe masculin, se tourna plus tard vers le sexe féminin. A deux reprises différentes, elle eut commerce avec des femmes. *Si ce n'était mon physique petit et mâle*, ajoute Virginie, *je sens que je ferais fortune au milieu des artistes dramatiques......*

Dans « *Une erreur de sexe avec ses conséquences* », M. Guermonprez (de Lille), relatait en détail, ces temps derniers, l'odyssée d'un sujet vraiment surprenant.

C'est un homme. L'examen approfondi qu'en avait fait M. Guermonprez ne laissait aucun doute à cet égard. La cure radicale de la hernie que portait le sujet a d'ailleurs permis peu de temps après de reconnaître un testicule. Pourtant, cet individu a eu commerce avec des hommes et n'éprouve aucune attraction vers les personnes du sexe féminin. La toilette de femme que porte l'individu est mal ajustée, dénuée de grâce et de légèreté. La coiffure ne suffit pas à changer par le cadre féminin l'aspect vraiment viril des traits du visage. La barbe existe au grand complet ; elle impose l'action du rasoir au moins deux fois par semaine. Dès qu'on examine la région intercrurale, on est frappé de l'abondance des poils, jusqu'à l'ombilic en haut, dans les plis génito-cruraux et au pourtour de l'anus en bas. Pas de mont de Vénus. Volumineuse hernie inguinale gauche, incomplètement réductible. Ce qui reste non réduit est évidemment un testicule, avec épididyme et canal déférent. Même présence d'un testicule dans la grande lèvre droite. L'organe pénien est petit, retombant ; le repli balano-préputial est très régulièrement conformé ; à la face inférieure de l'organe pénien, un sillon, qui part du sommet et s'étend sur la ligne médiane jusqu'à un infundibulum rouge et anfranctueux. Pas d'utérus, pas d'ovaire, pas de trompe appréciables par aucun mode d'exploration. Le sujet est hypospade.

Au point de vue de la conformation générale du corps, on remarque la brièveté du cou, la saillie du cartilage thyroïde, l'absence totale de mamelles, dont il n'existe même pas le moindre vestige, malgré l'apparence trompeuse que donne l'usage prolongé du corset. Le bassin présente très manifestement la configuration masculine. Les membres présentent des poils nombreux et même durs, surtout sur les membres inférieurs. Tous les attributs du sexe masculin existent donc. Ces données anatomiques ont d'ailleurs leurs sanctions physiologiques, puisque, d'une part, il n'y a jamais eu la moindre apparition de règles, tandis que, d'autre part, il y a eu des érections et des éjaculations.

Le sujet a été placé à douze ans, comme servante, dans une maison bourgeoise ; puis chez un boulanger qu'il a quitté parce que le service lui paraissait trop pénible ; puis chez un charpentier en navires. D'autres services furent délaissés avec mécontentement, parce que l'alimentation était insuffisante, parce que le travail était trop pénible, etc. Néanmoins Louise X... avait toujours travaillé dans des conditions honorables et sincèrement irréprochables. A 22 ans, elle prit du service dans un petit café d'une grande ville maritime, malgré la défense de ses parents. Après deux mois de séjour dans ce petit café, Louise accepte la proposition d'une femme et part pour Anvers le 14 août 1891. Il paraît certain, d'ailleurs, qu'avant ce départ pour Anvers, le sujet s'était déjà livré à un ou plusieurs hommes. La première tentative de coït aurait été particulièrement douloureuse et accompagnée d'un certain écoulement de sang. Quoi qu'il en soit, à Anvers, le sujet devient, ainsi que sa compagne, serveuse dans un café-concert. Le sujet mène alors une vie de débauche. Il en est tombé au degré le plus abject de la dépravation la plus ignoble.

C'est sur ces entrefaites que M. Guermonprez entreprend de révéler à cette femme de vingt-trois ans la nature masculine de son sexe !

Il nous reste un exemple frappant de démoralisation ; nous le devons à l'extrême obligeance d'un de nos meilleurs amis ; nous nous y appesantirons d'autant plus volontiers qu'il est complètement inédit.

Démoralisation et duplicité.

Erreur de sexe reconnue à l'âge de quatorze ans ; discussion sur l'aptitude au mariage ; supposition d'enfant ; excès vénériens ; myélite chronique ; mort.

Au commencement du siècle, il est né dans une famille opulente sur le point de s'éteindre, un enfant, auquel on donna les noms de Marie-Léonide-Antoinette. Cet enfant reçut une éducation soignée au milieu des jeunes filles de son âge.

Vers l'âge de quatorze ans, un léger duvet apparaît à la lèvre et au menton de la jeune fille ; la voix mue, perd son caractère juvénile, et devient très grave ; en même temps se manifestent d'autres modifications, qui frappent tout l'entourage et déterminent la famille à demander l'avis des hommes compétents.

Le certificat suivant se trouve dans les archives de la famille ; les détails en ont été confrontés avec le texte original :

« L'an 1823, le 6 du mois de mars. Nous, soussignés, Philippe-Jean Pelletan et Antoine Dubois, tous deux professeurs honoraires de la Faculté de Médecine de Paris, et A. Boyer, professeur titulaire de la même Faculté, en vertu d'un jugement rendu par le Tribunal de première instance de *** département de *** et après avoir prêté serment entre les mains de M. le Président du Tribunal de première instance du département de la Seine, à l'effet de prononcer sur le sexe de l'enfant de M***, domicilié, etc., déclarons ce qui suit : — Le jeune M***, le même qui avait déjà été présenté à notre examen, inscrit à l'État-civil lors de la naissance comme étant du sexe féminin, a les caractères du sexe masculin ainsi développés. Il a l'encolure et la force apparente d'un garçon, une voix plus forte qu'il n'est ordinaire à son âge. Il ne présente aucune apparence de sein, quoique ces organes soient déjà bien apparents chez les filles auxquelles ils sont destinés. — Les parties génitales extérieures de la génération offrent cette difformité, qui consiste dans la situation de l'*embouchure de l'urèthre au bas du périnée près du rectum et de la racine des corps caverneux*, construction vicieuse connue dans notre art sous le nom grec d'Hypospadias (*non qui ne convient pas cependant à ce genre de difformité*. — Il n'existe d'ailleurs aucun caractère du sexe féminin relatif au vagin qui pourrait supporter une matrice. — Il résulte de cette disposition, que les bourses sont séparées en deux poches particulières, qui ne représentent pas mal les grandes lèvres du sexe féminin, surtout lorsqu'elles ne renferment pas de testicules. En effet, ces organes ne se présentent pas encore dans le sujet en question ; mais on ne saurait en faire naître de l'incertitude sur le sexe qui lui appartient, puisqu'il est très fréquent que ces organes restent dans le ventre pendant toute la vie ou du moins ne descendent que fort tard dans les bourses. — Au-devant des bourses, et à l'endroit, ordinaire on reconnaît une verge composée seulement de deux corps caverneux et terminée par un gland et imparfaitement couverte d'un prépuce. — Cette disposition de la verge simulerait *assez bien le clitoris des femmes*, si le volume n'en était pas développé comme il doit l'être chez un jeune homme de 14 ans.

» Le sexe du jeune homme paraît donc bien caractérisé par son développement général, la vigueur de son organe vocal, les poils durs et longs qui couvrent depuis longtemps la région du pubis et le contour de l'anus. — M. son père nous assure qu'il a une aptitude intellectuelle, qui conduit à lui faire étudier avec succès la langue latine et les éléments des mathématiques. — Si la non présence des testicules dans les bourses pouvait laisser une apparence d'incertitude, sous le prétexte qu'une difformité extérieure n'empêcherait pas ou pourrait même faire appréhender une autre difformité intérieure, nous aurions détruit cette difficulté par l'examen subséquent. — Nous avons pu reconnaître et toucher la glande prostate, qui environne le col de la vessie : or cet organe n'appartient qu'au sexe masculin. — En effet, cette glande reçoit et protège les canaux éjaculateurs de l'humeur fournie par les testicules. — Elle donne elle-même des canaux, qui transmettent au dehors la masse épaisse et visqueuse, qui enveloppe l'humeur séminale et qui est éjaculée avec elle. — Une pareille disposition démontre jusqu'à l'évidence, non-seulement le sexe masculin, mais même l'aptitude *de l'homme* à la propagation de son espèce, et la résidence des testicules dans le ventre ajoute encore à cette aptitude. Les naturalistes savent que les animaux dont les testicules ne se montrent *jamais* au dehors ont plus de salacité que dans le cas contraire (Haller). Le vice de conformation extérieure ne sera jamais qu'un léger obstacle auquel *l'instinct saura pourvoir*.

» Nous concluons d'une manière absolue que le jeune *** *est du sexe masculin* et qu'il convient de rectifier toute conduite, ou tous actes judiciaires, qui l'auroient désigné comme étant du sexe féminin. »

Fait à Paris, etc.

(Signé :) Philippe-J. PELLETAN (de l'Institut)
Ant^e. DUBOIS et BOYER, etc., etc.

Ce rapport étant pris pour base, le Tribunal civil a rendu un jugement aux fins de rectification d'état-civil.

L'éducation suivit dès lors sa direction régulière, non sans avoir été guidée par une remarquable consultation de PELLETAN (1) qui

---

(1) PELLETAN (Philippe-Joseph), fut l'un des plus habiles chirurgiens du commencement du dix-neuvième siècle ; il étudia de bonne heure les sciences physiques pour se livrer ensuite d'une manière toute particulière à l'étude de l'anatomie et de la physiologie. Ses progrès furent si rapides que presque à son début dans la carrière, il fit partie de l'École de santé, devenue plus tard la Faculté de Paris. Pelletan, après avoir obtenu l'honneur de succéder au célèbre Desault comme chirurgien de l'Hôtel-Dieu, fut nommé professeur de clinique chirurgicale, devint, en 1815, professeur de médecine opératoire, et de cette chaire passa à celle d'accouchements en 1818. A la réorganisation de la Faculté en 1823, il ne conserva que le titre de professeur honoraire. Pelletan, chirurgien consultant de Napoléon, était membre de plusieurs sociétés savantes de l'Europe, et fut l'un des premiers savants choisis pour faire partie de l'Institut. Fourcroy était le seul, parmi les professeurs de son époque, qui put rivaliser avec Pelletan, et les personnes qui les ont entendus l'un et l'autre assurent que le médecin avait sur le chimiste le plus d'avantages. Comme Fourcroy, Pelletan, en effet, sut toujours entraîner ses auditeurs par la pureté et le charme de son élocution, et par l'esprit dont étincelaient ses leçons ou ses entretiens familiers. On peut dire aussi qu'il possédait à un haut degré les vertus qui devraient être l'apanage de tous les hommes livrés au noble exercice de la médecine et de la chirurgie.

Pelletan eut des rivaux et des émules, mais il ne les considéra jamais fournit dans ce document la preuve d'une sagesse médicale et d'une prudence professionnelle qu'il serait injuste de laisser tomber dans l'oubli :

« Nous avons développé, dans le mémoire qui a eu pour but de placer le jeune homme dans la situation naturelle et sociale qui lui convient, tous les caractères qui font reconnaître en lui le sexe masculin ; mais il importe, pour la prévoiance de ses parents et le bonheur à venir du jeune homme, de donner une juste idée 1° des chances qui peuvent lui être favorables dans l'acte et les résultats de la copulation ; 2° des incommodités auxquelles il est exposé par le

---

comme ses amis et ne fut jamais le leur. On admirait en lui un caractère noble, une grandeur d'âme peu commune, une grande élévation dans les sentiments ; il était sous ce rapport, dit le Professeur Roux, digne d'être comparé à Louis, à Deschamps, à Sabatier, à Desault.

En voyant les traits beaux et nobles de Pelletan, sa stature plus qu'ordinaire, sa démarche fière et imposante, toutes les formes de son corps, si bien prononcées, on pouvait espérer que ses forces physiques seconderaient longtemps les forces et l'activité de son esprit, on pouvait espérer que sa vieillesse serait exempte d'infirmités : il n'en fut rien. Pelletan fut pendant assez longtemps dans un état de souffrance qu'il voulait vainement cacher, mais qui finit par l'enlever à un âge fort avancé. Il avait quatre-vingt-trois ans lorsqu'il mourut au Bourg-la-Reine, 26 novembre 1829.

Pelletan a peu écrit ; mais il a su, par sa pratique savante, contribuer à maintenir l'éclat et le renom de la chirurgie française ; on ne saurait oublier sans injustice que, marchant sur les traces de Kesler et de Suattani, il a le premier en France pratiqué l'opération de l'anévrysme, et qu'à lui appartiennent les premières tentatives de ligature de l'artère axillaire. Parmi le peu d'ouvrages qu'il a publiés, on a de lui :

Éphémérides pour servir à l'histoire de toutes les parties de l'art de guérir (avec Lassus). Paris, 1790, in-8° — Clinique chirurgicale ou Mémoires et observations de chirurgie clinique, ou sur d'autres objets relatifs à l'art de guérir : Paris, 1810-11, in-8°, 3 vol. Bien que cet ouvrage eût gagné peut-être à être composé à une époque plus rapprochée que celle où Pelletan avait recueilli les faits si nombreux et si intéressants qu'il renferme, cet ouvrage témoigne assez du talent d'observation et de la haute capacité chirurgicale de son auteur. — Observation sur un ostéosarcome de l'humérus simulant un anévrysme. Paris, 1815, brochure in-8 (A. T.). Biographie médicale. — Paris, 1841, tome II, page 933 : Auguste Thillaye.

fait de sa difformité : incommodités qui pourraient devenir des maladies même assez graves, si on ne les prévoyait pour les éviter ou si l'on n'y apportait les remèdes aussi sûrs que faciles que nous prescrivons.

» 1er ARTICLE.

» On ne peut pas révoquer en doute les facultés viriles de notre jeune homme : là où aucun organe ne manque les fonctions doivent s'effectuer : il est même à observer que ces facultés auront une énergie peu commune par cela même que les testicules restent dans le ventre. Voici comment le célèbre Haller s'explique sur ce point (1).

« Non rarum est ut aut unus alter testis aut omnino uterque sevotum
» non subeat inque inguine moretur, aut in anulo, ant demum
» in abdomine maneat, quales homines veteres minime ignoraverunt
» et dixerunt *testicondos*. Nulla inde noxa sequitur et potius sala-
» ciores fuisse autores extant. Sed etiam in animalibus ea fabria
» reperitur. » HALLER. *Elem. physiologiæ,* in-4°, T. VII, p. 415

» La disposition vicieuse des organes extérieurs n'est pas elle-même un obstacle aux suites de la copulation. Dans l'état spasmodique de l'érection, les bourses sont extrêmement relevées et appliquent ordinairement les testicules sur l'embouchure des anneaux. Or, cet effet sera bien plus marqué, les bourses n'étant pas chargées du poids des testicules ; et, chaque bourse entraînée de son côté, il y aura un espace libre vis-à-vis l'embouchure de l'urèthre. D'autre part l'introduction du membre viril, abaissant cet organe, il en résultera une espèce de conduit virtuel de l'embouchure du canal de l'urèthre, le long de la face inférieure de la verge, jusqu'au lieu de destination de l'humeur séminale. Cette explication n'est pas seulement propre à tranquiliser par l'espoir de réussir à produire une postérité ; mais

---

(1) Il n'est pas rare qu'un des testicules, ou même tous les deux, n'arrivent point dans les bourses et soient arrêtés dans l'aîne, dans l'anneau, ou même dans la cavité du ventre. Les anciens ont eu connaissance d'hommes ainsi constitués et les ont appelé testicondos (gens à testicules cachés). Il n'en résulte aucun inconvénient. Les auteurs assurent même qu'ils en ont plus de *salacité*. On trouve une pareille structure dans les animaux.

elle est encore **très** utile pour détruire tout soupçon d'infidélité, lorsqu'une épouse devenant enceinte, le mari ou d'autres intéressés douteraient, ou pouraient supposer un doute, sur la faculté du mari à féconder son épouse.

» Une autre considération non moins importante trouve ici sa place.

» Notre jeune homme, plus viril comparativement qu'un autre, en éprouvera un tourment proportionné. S'il a le malheur de deviner ou que quelqu'individu lui enseigne le moyen de se soulager, il en abusera bientôt, soit par la facilité d'en faire usage, soit par la timidité ou la fausse honte, qui l'empêcherait de s'adresser *à qui de droit*.

» Ce serait bien pis, s'il rencontrait une de ces femmes avec lesquelles le moindre risque est de compromettre sa santé par le moindre approchement, ou s'il tombait entre les mains de ces femmes lubriques, dont les grandes villes ne manquent pas, et qui, croyant se servir de lui avec aussi peu de risque qu'avec un eunuque, l'emploieraient jusqu'à extinction de ses forces apparentes et le conduiraient à une mort d'épuisement.

» C'est sur tous ces points que doivent se diriger les précautions des personnes chargées de l'éducation du jeune homme : S'il m'appartenait de chercher les démarches à ménager pour parvenir à marier le jeune homme, je proposerais de prendre ce parti aussitôt que cela paraîtrait possible.

» Je me souviens de l'histoire d'une lacédémonienne, qui avait un mari très puant de la bouche ; et, quelqu'un lui demandant comment elle faisait pour supporter cet inconvénient : Je croyais répondit-elle, que tous les hommes sentaient de même... J'ignore si Boileau trouverait dans Paris trois femmes d'une ignorance aussi sage ; mais j'en ai rencontré plusieurs, qui m'ont assuré qu'elles n'avaient jamais su comment leur mari était construit.

» 2e ARTICLE.

» Des inconvénients qui peuvent résulter de la difformité du jeune homme et des maladies qu'ils peuvent produire.

» Nous avons dit que la situation des testicules dans le ventre était loin de porter préjudice au sujet ; j'ajoute qu'il est important de les y conserver et de n'en pas provoquer la descente : à cet effet il ne faut pas livrer le jeune homme à des exercices violents, tels que les grandes courses, le jeu de barres ou de paulme, encore moins à l'équitation ; peut-être la nécessité de ces précautions ne sera-t-elle pas de longue durée, parce que les testicules augmentant beaucoup de volume ne seront bientôt plus en proportion avec l'embouchure des anneaux qui pouvaient leur donner passage. S'ils devaient se présenter au dehors, il faudrait être très attentif au moment de leur apparition. Il serait possible qu'ils demeurassent au passage : ce serait l'occasion d'en solliciter la chute absolue par une conduite contraire à la précédente : mais il ne faudrait pas faire usage du brayer, soit pour prévenir leur apparition, soit pour les tenir dans la position douteuse dont nous avons parlé. Dans le premier cas, ce serait assujettir le jeune homme à faire usage pendant toute sa vie de l'instrument en question, au risque même de blesser les testicules s'ils se présentaient tôt ou tard même partiellement. Dans le second cas il conviendrait de laisser la descente totale s'effectuer et tâcher de déterminer la disposition constante, qui met les hommes à l'abri des hernies.

» En effet, les testicules entraînent avec eux un prolongement du péritoine, qui a la forme d'un sac et qui communique librement dans le ventre. Ce sac recevrait des portions du tube intestinal qui produirait de grands inconvénients. La nature les évite dans les enfants, à quelque époque de leur naissance que leurs testicules se présentent au dehors. Les parois du sac naturellement en contact se réunissent plus ou moins tôt : mais, si l'enfant est criard, ou s'il était serré dans les vêtements de la première enfance, les viscères, pressés sur les anneaux, s'y engageraient et s'opposeraient à la coalition des parois du sac. Les enfants ainsi disposés gardent communément des hernies pendant toute leur vie.

» Notre jeune homme aurait donc grand besoin d'un moïen auxiliaire pour déterminer la coalition des parois du sac, qui suivrait les testicules ; car, étant dans une situation verticale, les viscères porteraient nécessairement sur les anneaux et empêcheraient l'effet si facile à obtenir sur des enfants au berceau.

» Ce serait donc le cas d'appliquer un double brayer et de le tenir constamment en place, le jour et la nuit, pendant un temps proportionnellement suffisant pour obtenir l'effet désiré. Ce temps n'a pas de limite déterminée : il ne saurait être moindre d'un an ; encore serait-ce à condition qu'on ne laisserait aucune relâche à l'application du bandage, car on s'exposerait à perdre en un jour le fruit d'un mois de soins.

» Nous avons dit que, si les testicules se présentaient aux anneaux sans descendre complètement, il faudrait attendre et en solliciter la descente totale par des exercices convenables : il y a pourtant des bornes à cette marche. Si les testicules restaient engagés partiellement ou même ne laissaient que peu d'intervalle entre eux et le contour de l'anneau, il faudrait observer s'ils ne sont pas accompagnés plus tôt ou plus tard d'une hernie intestinale. Dans ce cas, on appliquerait un brayer à pelotte concave, qui laisserait le testicule, ou la portion qui s'en présenterait, à l'abry de la compression ; et il est probable que le jeune homme serait assujetti à ce secours pendant toute sa vie. Ce moïen n'est pas sans inconvénient : le brayer, fait et appliqué par un habile artiste, exerce pourtant une certaine compression habituelle sur les testicules et prépare des engorgements funestes, qui ont quelquefois nécessité l'amputation de l'organe.

» On court le même risque, à quelque époque que l'on fasse usage du brayer, excepté lorsque les testicules, totalement descendus dans les bourses, laissent apercevoir le cordon de vaisseaux qui les suspend. C'est alors qu'il faut se hâter d'appliquer un bandage bien fait et que le jeune homme n'abandonnera, que lorsqu'on sera bien assuré de la coalition des parois du sac devenu sac herniaire et dans lequel les intestins ne se présenteront pas encore. Avec ces précautions, on pourra obtenir une cure radicale.

» Si l'on se déterminait à appliquer un braïer sur les testicules seulement engagés dans les anneaux, ou même restés à leur surface, il faudrait y apporter un soin extrême et de tous les jours : Car, indépendamment de la compression habituelle dont nous avons parlé, l'enfant serait exposé à une hernie intestinale, dont les parties pourraient s'engager, pour ainsi dire, furtivement entre le contour de l'anneau et le testicule. Une pareille hernie est très susceptible d'étranglement et il faudrait solliciter promptement les secours d'un homme de l'art pour réduire cette hernie et mettre le malade à l'abri du besoin d'une opération, dont l'effet salutaire est toujours équivoque, surtout si l'on tarde trop à la pratiquer.

» Un conseil bien important à donner est de ne se laisser jamais séduire par les conseils d'opérateurs ou charlatans qui proposeraient de guérir le malade, soit par quelques topiques ou opérations particulières, dans le cas où les testicules sortis ou engagés dans les anneaux seraient accompagnés de hernies ou menacés de l'être. Les topiques, qui ne peuvent être que des astringents, ou sont sans aucun effet, ou n'en produisent qu'un momentané, illusoire et seulement propre à donner une fâcheuse sécurité.

» Pour les opérations, elles sont dangereuses, soit pour la vie, soit en occasionnant la perte du testicule, vis-à-vis lequel on aurait opéré. Quelque soit l'événement, la cure radicale est également manquée : la hernie ne tarde pas à reparaître et avec plus d'inconvénients qu'auparavant.

» Je prie d'observer que ces assertions ne sont, ni systématiques, ni de simple opinion ; mais des vérités établies sur l'expérience.

» J'ai cru nécessaire de donner tous les détails contenus dans ce mémoire, pour mettre le malade en sûreté ; et, pour tranquilliser les parents, je n'ai pas craint de leur causer un effroi anticipé et qui pourrait être plus funeste que le mal lui-même , parce qu'ils ont trop d'esprit et d'instruction, pour confondre l'événement avec le possible et ne pas sentir l'importance d'une prévoïance salutaire, dans un cas aussi compliqué et aussi grave que celui qui nous occupe.

» Paris, le 12 mars 1823.

(Signé) : PELLETAN, 1er chirurgien, etc., etc.

Cependant les années se passent et le désir de ne pas laisser éteindre le nom de la famille augmente le zèle des démarches, qui se succèdent, dans le but de marier le sujet. La question est de nouveau soumise à Pelletan, qui répond par un nouveau mémoire :

« Ayant déjà été consulté, il y a plusieurs années, sur une organisation particulière, avec laquelle M.*** est venu au monde et de laquelle il résultait qu'on pouvait lui attribuer le sexe féminin , il fut décidé le contraire avec une telle certitude, que l'on se comporta d'après cette décision.

» Le développement du jeune homme confirme son véritable état par sa vigueur et l'apparition d'une chevelure forte et abondante au-delà de l'âge du sujet.

» Cependant les organes de la génération ne partagent point cette modification.

» Les testicules sont restés dans l'intérieur du ventre et, probablement, n'en sortiront jamais ; ce qui est plus favorable que contraire au degré de salacité réservé au jeune homme (1), mais le canal de l'urètre conserve son embouchure assez loin de l'extrémité des corps caverneux sans se terminer par un gland suivant ce qui a lieu le plus communément. Il en résulte que les corps caverneux n'ont pas acquis le développement qu'ils obtiennent quand le canal de l'urètre se joint à eux. Comme la nature conserve ce qui est ordinaire, lors même que cela s'applique à une conformation vicieuse, ici l'extrémité de la verge se trouvait en approximation avec l'urètre par la présence et l'allongement d'un ligament ou frein, qui a coutume de maintenir le rapport entre ces deux parties ; mais ce frein retenait l'extrémité de la verge dans l'état de courbure, comme pour aller à la rencontre du canal, l'urine ne sortait pas seulement par la large embouchure du canal, mais encore par plusieurs petits trous qui semblaient être le prolongement du canal même. Un examen plus particulier du vice des organes nous a fait reconnaître ces diverses modifications et nous a fourni le moyen de venir au secours de cette tendance des parties à une amélioration qui deviendra très utile.

» En conséquence, le frein a été saisi avec un instrument convenable et qui renfermait en même temps les petites ouvertures dont nous avons parlé et nous avons retranché toute cette partie membraneuse avec des ciseaux appropriés.

» Il en résulte deux effets : 1° l'embouchure de l'urètre se trouve prolongée et moins éloignée des corps caverneux ; 2° le corps de la verge est lui-même redressé et une espèce de gouttière factice se trouve continue entre l'urètre et l'extrémité de la verge , en représentant un canal, auquel il ne manquerait que le tiers supérieur de sa forme cylindrique.

---

(1) La raison de cette propriété vient de ce que les testicules reçoivent des vaisseaux fournis par des grands trous situés dans le ventre. Ces vaisseaux descendent avec les testicules lorsqu'ils arrivent dans les bourses ; en s'allongeant ainsi ils deviennent plus grêles ; mais, quand les organes restent dans le ventre, comme dans notre sujet, les vaisseaux qui s'y distribuent sont plus courts ; ils restent gros, donnent à la circulation dans les testicules une énergie plus considérable et par conséquent une plus grande abondance d'humeur séminale (Pelletan père.)

» Déjà l'urine parcourt librement et en jet prolongé le canal de l'urètre jusqu'à la moitié ou à peu près du chemin qu'elle a coutume de parcourir au-dessous des corps caverneux. Ceux-ci ne sont plus dans l'état de courbure que la tension du frein entretenait

» Les érections deviendront libres par degrés et produiront une augmentation plus ou moins notable du volume total de la verge. Cet organe acquiert un volume plus considérable qu'on ne le désirerait souvent, par l'effet des érections fréquentes et conservées plus long-temps chez les gens qui abusent de leur faculté virile.

» Cette augmentation du volume résulte de ce que les corps caverneux sont formés d'un tissu vasculaire très délié et très abondant, dans lequel le sang s'amasse par l'état spasmodique qui produit l'érection. Quand ce spasme cesse, le tissu caverneux revient sur lui-même et le corps de la verge diminue en proportion ; mais cette faculté de resserrement complet se perd par des développements trop fréquents, et la verge reste d'un gros volume , même toute érection cessant.

» La verge acquièrera donc un volume moins disproportionné à mesure de l'usage qu'en fera le jeune homme.

» Dans tous les cas, les corps caverneux sont dès à présent capables de servir de conducteur à l'organe total, comme c'est leur destination dans tous les sujets.

» Le canal de l'urètre a déjà beaucoup de longueur ou plus qu'il n'en est besoin pour pénétrer dans l'organe féminin par le secours des corps caverneux , et l'urine, s'élançant déjà au loin , montre combien sûrement l'humeur séminale arrivera facilement à sa desti-nation , son éjaculation ayant une énergie sans comparaison plus grande que la simple déjection de l'urine.

» La conclusion immédiate et irréfragable des détails, dans lesquels nous sommes entrés , est que notre jeune homme a une aptitude absolue à l'acte de la génération et que la situation des testicules dans le ventre est une disposition propre à augmenter la salicité ou le caractère de convoitise qui lui serait propre.

» Une question raisonnable a été élevée sur le rapport des organes intérieurs avec ceux du dehors. Le vice de conformation de ceux-ci influe-t-il sur les organes internes ?

» Il suffirait de faire attention au développement viril du jeune homme pour conclure négativement. Tout le monde reconnaît que son développement général a bien plus d'énergie que sur tout autre jeune homme du même âge.

» Des recherches que nous avons été obligés de faire, nous ont démontré que la glande prostate est dans sa place et entoure le col de la vessie, comme cela doit être. Or, cette glande fournit la sécrétion de l'humeur séminale, la plus grossière qui en sort par plusieurs petits canaux, dont la glande est percée et qui s'ouvrent dans le canal de l'urètre.

« Les testicules fournissent la portion subtile de l'humeur séminale : ils la déposent dans deux poches membraneuses situées derrière et au bas de la vessie urinaire près de la glande prostate ; des petits canaux analogues à ceux de la glande, transmettent l'humeur au dehors et l'éjaculation s'en fait simultanément avec celle de l'humeur plus grossière que la glande fournit et qui sert d'enveloppe à la plus subtile.

» L'humeur fournie par les testicules est sécrétée continuellement et conduite aux vésicules séminales par des tubes capillaires dans lesquels l'humeur ne trouve aucun obstacle : nous ferons observer que, dans la conformation particulière qui nous occupe, l'acheminement des canaux et de l'humeur est plus directe et plus facile que lorsque les testicules sont placés dans les bourses : mais, dans tous les cas, l'humeur mise en réserve dans les vésicules séminales ayant ses canaux éjaculateurs exactement en contact avec ceux de la glande prostate, est aussi facilement lancée que celle que la glande fournit.

» On conçoit facilement que ce n'est pas des testicules que l'humeur est lancée dans l'éjaculation, mais des réservoirs ou vésicules séminales, dans lesquelles l'humeur est tenue en réserve pendant l'état de continence ; et, comme ces vésicules ont leurs canaux éjaculateurs annexés à ceux de la glande, leur évacuation est simultanée. Donc la situation générale des testicules n'a aucun rapport avec l'efficacité de l'acte de *la copulation* (ce mot signifie *conjugium maris et fœminœ*).

A Paris, le 22 mars 1827.

(Signé) : Pelletan père, de l'Institut, etc.

Le mariage eut lieu en effet. Le soir même de sa célébration, les jeunes époux partirent pour un pays lointain, comme le font d'ordinaire les personnes de leur condition. Il y eut toutefois une bizarrerie absolument inusitée : le voyage de noces, au lieu d'avoir une durée de quelques semaines ou tout au plus quelques mois, se prolongea deux années entières. Pendant une partie de ces pérégrinations, la jeune femme simula une augmentation de volume du ventre, comme si une grossesse suivait son évolution régulière. A un certain moment on prétexta un accouchement : l'enfant produit alors pour hériter des noms et du titre de la noble famille n'était autre que celui d'un charpentier, qu'une condition misérable avait réduit à se priver d'un nouveau venu dans sa nombreuse famille. L'héritier fut bien accueilli au retour du voyage. Les vœux de tous étaient comblés ; — mais rien ne put étouffer les remords de la jeune femme, qui avait accepté de se faire la complice de son mari et de sa nouvelle famille. Par ailleurs, les travers d'esprit de l'hypospade multipliaient les tristesses, les déceptions et les amertumes de la vie conjugale. — On s'accorde à dire que la jeune femme mourut de chagrin après quelques années de mariage.

Devenu veuf, l'hypospade demeura intelligent comme il l'était, mais intrigant, méchant, orgueilleux, querelleur, procédurier, jusqu'au point d'élever la prétention de renier le fils, dont il avait lui-même organisé la supposition. Et cela en offrant de fournir la preuve de son impuissance, à l'époque de la conception supposée.

Tout l'entourage a connu la vie de débauché de cet hypospade jusqu'à une période avancée de sa vieillesse. Les détails ne nous ont pas été précisés. Mais le fait nous a été catégoriquement affirmé par des témoins dignes de foi. Les médecins qui l'ont approché à la fin de sa vie ont constaté l'incontinence des urines et des matières stercorales, et la paraplégie ; et ils ont attribué la myélite des dernières années de sa vie aux excès vénériens auxquels il s'était livré.

Il est donc avéré que, dans la classe opulente, le vice de conformation conduit aux troubles psychiques et aux perturbations du sens génésique, jusqu'aux abus, qui se terminent par la myélite chronique mortelle. On connaît d'ailleurs bien d'autres faits qui, sans être identiques, sont du moins comparables.

M. Legrand du Saulle parle d'un licencié ès-lettres, à l'esprit très orné, qui témoignait une répulsion frappante pour

la femme, en général, et pour tout ce qui pouvait trahir une
origine, une intervention ou une forme féminine. Il se sentait
au contraire invinciblement attiré vers l'homme, les images,
les tableaux, les statues représentant dos nudités malsaines.
Il possédait des planches d'anatomie consacrées aux organes
génitaux de l'homme et aux annexes de la virilité. Il cherchait
à apercevoir dans la rue une partie du pénis de tout individu
qui s'arrêtait pour uriner ? Il fut appréhendé un jour, à la place
de la Bourse, dans un urinoir public abrité et un peu sombre,
alors qu'un vieillard et lui, à une certaine distance l'un de
l'autre, se montraient complaisamment toutes leurs parties
sexuelles. Ce jeune homme était atteint de phimosis et de
cryptorchidie (1).

Les faits qui précèdent sont des arguments démonstratifs
par eux-mêmes, plus démonstratifs encore par la concordance
des témoignages qui émanent d'observateurs très divers dans
les conditions les plus variées.— Ils ont toutefois l'inconvénient
de trop s'attacher à montrer le résultat, sans établir l'enchaî-
nement des faits qui se succèdent et qui conduisent l'infortunée
victime du sexe douteux, par une série d'étapes, qui troublent
d'abord son esprit, le font ensuite dévier de la voie droite et le
précipitent enfin dans un dérèglement de mœurs, dont il est
impossible de suivre les détails sans une profonde et invin-
cible répugnance.

Transformation et déviation morales.

Rien n'en fournit une démonstration plus éclatante que le
manuscrit d'Alexina B***, tel que l'a publié Ambroise Tardieu.
Qu'il nous suffise d'en reproduire ici les passages les plus
démonstratifs

---

(1) Legrand du Saulle. *Les signes physiques des folies raisonnantes.*
In *Annales médico-psychologiques,* 1877.

« Les combats et les agitations, auxquels a été en proie cet être infortuné, il les a dépeintes lui-même dans des pages qu'aucune fiction romanesque ne surpasse en intérêt. Il est difficile de lire une histoire plus navrante, racontée avec un accent plus vrai, et alors même que son récit ne porterait pas en lui une vérité saisissante, nous avons, ajoute Tardieu, dans des pièces authentiques et officielles, la preuve qu'il est de la plus parfaite exactitude. (Tardieu, page 62). »

Alexina reconnaît lui-même qu'il sera difficile aux autres de se rendre un compte exact de ces sensations au milieu des bizarreries exceptionnelles de sa vie (p. 75).

A l'âge de 7 ans, Alexina entra dans un orphelinat de jeunes filles. Il en sortit vers 11 ans pour entrer dans un couvent d'Ursulines, où il se lia d'une affection tendre avec une jeune fille du nom de Léa. Rentré ensuite chez son protecteur pour y occuper la fonction de lectrice, l'auteur des *Souvenirs* raconte son entrée dans la carrière de l'enseignement ; son admission à l'École normale des Institutrices, où se fit la rencontre et la liaison intime avec Thécla ! Vient ensuite, à 19 et 20 ans, la fonction de directrice du Pensionnat de Madame P*, les manifestations trop expansifs d'un amour qui s'ignorait pour Sara, la fille de Madame P*, puis la transformation criminelle de ce sentiment pour la jeune fille, qu'Alexina parvient à corrompre. Enfin le scandale, auquel il mit fin, grâce à l'intervention de l'évêque de B*, par l'expertise d'un médecin judicieux et instruit. Un jugement du Tribunal de la Rochelle ordonne la rectification de l'état civil ; mais le malheureux sujet, préparé par son éducation à mener une existence féminine, ne parvient pas à se mettre à la hauteur des âpres luttes pour la vie. L'infortuné manque de ces conseils, de ces encouragements, de ces soutiens, qui sont particulièrement indispensables aux sujets organisés et préparés pour occuper un second rang. L'isolement lui pèse. La lypémanie se développe. Il finit par un suicide dont le mode conserve encore l'empreinte de l'éducation féminine.

« Douée, comme je l'étais, (écrit l'auteur de ces Souvenirs) d'une véritable aptitude pour les études sérieuses, j'en profitai bientôt avec avantage.

» Mes progrès furent rapides et excitèrent plus d'une fois l'étonnement de mes excellentes maîtresses du pensionnat de jeunes filles (p. 68). »

Devenu plus tard *la lectrice*, le secrétaire de son noble bienfaiteur, il lui arrivait de rencontrer des fragments de correspondance d'un brave général de l'empire, frère du maître de céans : « j'étais toujours heureuse d'une pareille rencontre, car elle lui fournissait le sujet d'une foule de récits que j'écoutais avec une avidité sans égale. J'avais beaucoup lu. Mon jugement s'était développé de bonne heure, et à l'âge où l'on appartient encore à l'adolescence, j'étais sérieuse (*sic*), réfléchie (*sic*), et aucun des principaux faits de notre histoire, si riche en événements, ne m'était inconnu. » (p. 77).

» Je dévorai aussi une nombreuse collection d'ouvrages anciens et modernes, entassée dans les rayons d'une bibliothèque attenant à ma chambre.

« Plus d'une fois, cette occupation me surprit à une heure très avancée de la nuit. C'était ma récréation, mon délassement. J'y acquis plus d'un enseignement utile, je dois le dire.

Alexina n'avait que de l'indifférence à son entrée à l'École normale ; mais il se sentit presque immédiatement poussé par « l'ambition de réussir ». Qui n'a éprouvé, ajoute-t-il, cette ardeur fiévreuse à la veille d'un jour qui doit nous trouver en présence d'une commission d'examens ? » (p. 81).

Alexina avait 19 ans au moment de sa sortie de l'École normale, « alors, sur dix-huit aspirantes au brevet, j'étais reçue *première*. Je me maintins jusqu'à la fin à ce rang ; on s'y attendait généralement. » (p. 99).

Cette façon de s'exprimer révèle suffisamment les tendances viriles du sujet et démontre en outre l'absence de ces timidités, de ces craintes, de ces délicatesses, qui sont l'apanage du sexe faible.

Mais il y a plus « pour les travaux manuels, je montrai, dit-il ailleurs, la plus profonde aversion et la plus grande incapacité.

» Le temps employé par mes compagnes à la confection de ces petits chefs-d'œuvre destinés à parer un salon ou à parer un jeune frère, je les passais, moi, à la lecture. L'histoire ancienne ou moderne était ma passion favorite.

» J'y trouvais un aliment à ce besoin de connaître qui envahissait toutes mes facultés. Cette occupation chérie avait alors le privilège de me distraire des tristesses vagues qui me dominaient tout entier.

» Que de fois je me dispensai de la promenade pour pouvoir, le livre à la main, me promener seul dans les magnifiques allées de notre beau jardin, à l'extrémité duquel se trouvait un petit bois planté de marronniers sombres et touffus... » (p. 68-69).

A l'École normale, « pas une minute n'était perdue pour nous. S'il arrivait que nous fussions en avance, nous en profitions, soit pour les travaux d'aiguille, soit pour résoudre une question nouvelle et embarrassante. De là venaient nos progrès rapides. Mon aversion pour les travaux manuels allait toujours croissante. Je me demandais quelquefois ce qu'il arriverait un jour, lorsqu'il me faudrait avouer ma profonde incapacité vis-à-vis de mes élèves. Pendant que mes compagnes se fortifiaient dans ce genre d'exercice, je me livrais à ma distraction favorite, la lecture. » (p. 87-89).

Comme directrice du pensionnat de Mme P.. « j'aidais Sara à la coiffure des élèves ; mais hélas ! je n'avais pas son adresse, ses soins délicats : aussi les enfants évitaient-elles soigneusement, autant que cela leur était possible, de se trouver près de moi » au moment de la toilette. (p. 107.

L'inaptitude aux occupations et aux travaux féminins était donc absolument remarquable, et mettait le sujet dans une humiliante infériorité relativement aux autres personnes qui portaient le vêtement féminin. C'est déjà une irrégularité.

On a remarqué souvent que, lorsque les aptitudes générales ne sont pas normales, l'état mental prend une tournure singulière, généralement très mélancolique (1).

Alexina B... fournit la preuve éclatante de l'exactitude de ce jugement de M. le Prof. Brouardel.

Alexina B..., au moment de se suicider, manifeste suffisamment ses tendances lypémaniaques. « J'ai beaucoup souffert et j'ai souffert seul ! Ma place n'était pas marquée dans ce monde qui me fuyait, qui m'avait maudit. Pas un être vivant ne devait s'associer à cette immense douleur, qui me prit au sortir de l'enfance, à cet âge où tout est beau, parce que tout est jeune et brillant d'avenir. Cet âge n'a pas existé pour moi. J'avais, dès cet âge, un éloignement instinctif

---

(1) Brouardel. L'Hermaphrodisme, *in Gazette des Hôpitaux*, 18 janvier 1887, page 57.

du monde, comme si j'avais pu comprendre déjà que je devais y vivre étranger.

» Soucieux et rêveur, mon front semblait s'affaisser sous le poids de sombres mélancolies. J'étais froide, timide, et, en quelque sorte, insensible à toutes ces joies brillantes et ingénues qui font épanouir un visage d'enfant.

» J'aimais la solitude, cette compagne du malheur, et lorsqu'un sourire bienveillant se levait sur moi, j'en étais heureuse, comme d'une faveur inespérée......... (P. 63-64).

» Que de fois aussi Mme Éléonore me surprit au milieu de cette rêverie inexplicable, et comme son regard savait me faire tout oublier ! J'accourrais radieux à sa rencontre, et rarement je n'en obtenais pas un baiser, que je rendais par une étreinte pleine d'un charme auquel je ne saurais rien comparer........ » (p. **69**).

Puis vinrent la première communion et la sortie du couvent des Ursulines.

« Avant de partir, dit Alexina, j'avais pressé dans mes bras ma chère Léa (sa compagne et amie d'alors) et le baiser que je lui donnai fut triste comme un dernier adieu !

...... » Elle aussi, j'allais la perdre, sans doute pour toujours ; car nos destinées ne pouvaient nous réunir......

...... » Sa mort fut un deuil épouvantable pour sa noble famille dont elle était l'idole ; ainsi fut brisée la première affection de ma vie ! » (p. **74**).

En arrivant à l'école normale, Alexina avait 17 ans.

« Je ne sais quel trouble inexprimable, dit-il, vint me saisir lorsque je franchis le seuil de cette maison. C'était de la douleur, de la honte. Ce que j'éprouvai, nulle parole humaine ne pourrait l'exprimer. Cela paraîtra incroyable, sans doute, car enfin je n'étais plus *une* enfant, j'avais dix-sept ans, et j'allais me trouver en face de jeunes filles dont quelques-unes en avaient à peine seize. L'accueil si affectueux de la bonne Supérieure m'avait *laissée* (sic) insensible, lorsque *conduite* (sic) par elle, j'arrivai à la classe des élèves-maîtresses, la vue de tous ces frais et charmants visages qui me souriaient déjà me serra le cœur.

» Sur tous ces jeunes fronts, je lisais la joie, le contentement, et je restais triste, *épouvantée* (sic) ! Quelque chose d'instinctif se révélait en moi, semblant m'interdire l'entrée de ce sanctuaire de virginité. Un sentiment qui dominait en moi, l'amour de l'étude, vint faire diversion à la bizarre perplexité qui s'était emparée de tout mon être. » (p. 85).

On s'explique mieux l'émotion profonde, qui saisit plus tard Alexina au sortir du cabinet du médecin désigné par l'évêque de B... En encourageant la mère, dont la stupeur était à son comble . le médecin avait conclu : « Vous avez perdu votre fille, c'est vrai ; mais vous retrouverez un fils, que vous n'attendiez pas. »

Se trouvant au retour en présence de son protecteur , Alexina se place à distance, peu désireux d'entamer le récit de ce qui venait de se passer chez le médecin... « J'étais troublé de façon à ne pouvoir répondre ; mon imagination en délire ne pouvait s'arrêter à une idée sérieuse, réfléchie. Par instants je me demandais si je n'étais pas le jouet d'un rêve impossible.

» Ce résultat inévitable que j'avais prévu, désiré même, m'effrayait maintenant comme une énormité révoltante. En définitive , je l'avais provoqué, je le devais sans doute, mais qui sait ? Peut-être avais-je eu tort. Ce brusque changement qui allait me mettre en évidence d'une façon si inattendue ne blessait-il pas toutes les convenances ?...

» Le monde, si sévère, si aveugle dans ses jugements , me tiendrait-il compte d'un mouvement qui pouvait passer pour de la loyauté, et ne s'attacherait-il pas plutôt à le dénaturer, à m'en faire un crime ? Hélas ! je ne pus faire alors toutes mes réflexions. La voie était ouverte ; j'y étais poussé par la pensée du devoir à accomplir. Je ne calculais pas. » (p. 136-137).

L'examen médical auquel se soumit Alexina le força à quitter le pensionnat de Mme P..., à qui elle n'avoua jamais le motif de cette détermination : « Le secret de mon amour pour Sara devait mourir entre Dieu et moi. »

Au moment de quitter le pensionnat, Alexina prévoit les malheurs qui vont lui arriver : « J'allais voir, sous une nouvelle face, ce monde que j'étais loin de soupçonner. »

» Mon inexpérience me préparait de tristes désenchantements. Je voyais tout alors sous un jour radieux et pur de tout nuage. Pauvre insensé que j'étais !... Beaucoup riront. Ceux-là je leur pardonne et je leur souhaite de ne connaître jamais les douleurs sans nom qui m'ont accablé. »

Il quitte enfin celle avec laquelle il avait vécu deux ans durant ; « tout était fini. »

Quelque temps après la décision du Tribunal, le souvenir de Sara est encore présent à sa mémoire ; il devient sa seule consolation, au milieu des angoisses pénibles que lui font éprouver les calomnies dont il est l'objet. « Bien longtemps son souvenir adoré m'a soutenu, m'a donné la force de vivre !! Aujourd'hui encore, que tout semble m'avoir abandonné et que l'affreuse solitude s'est faite autour de moi, comme si mon malheur dût être fatal à tout ce qui me touche, j'éprouve quelque douce joie à penser qu'un être en ce monde a daigné s'associer à ma misérable existence et conserver au pauvre délaissé un peu de tendre pitié ! Peut-être n'est-ce qu'une illusion ? Peut-être au moment où j'écris ces lignes a-t-elle pour jamais chassé de son cœur celui dont elle fut l'unique bonheur ! Mon Dieu ! Que me reste-t-il alors ? Rien. La froide solitude, le sombre isolement ! Oh ! vivre seul, toujours seul, au milieu de la foule qui m'environne (à Paris), sans que jamais un mot d'amour vienne réjouir mon âme, sans qu'une main amie se tende vers moi !... Avoir une âme de feu ; et se dire : jamais une vierge ne t'accordera les droits sacrés d'un époux ! Cette suprême consolation de l'homme ici-bas, je ne dois pas la goûter ! Oh ! la mort ! la mort sera vraiment pour moi l'heure de la délivrance ! Autre juif-errant, je l'attends comme la fin du plus épouvantable de tous les supplices !!! (p. 153-154).

La mort de son bienfaiteur, M. de Saint M..., accrut encore le désespoir d'Alexina : « Cette mort a brisé en moi un lien que rien au monde ne saurait remplacer... Ah ! que depuis, au milieu du dégoût, des amertumes qui m'abreuvent, j'ai pu entrevoir le vide affreux qu'a creusé son absence !

» Et maintenant seul !... seul... pour toujours ! Abandonné, proscrit au milieu de ses frères ! Eh ! que dis-je ! Ai-je le droit de donner ce nom à ceux qui m'environnent ? Non, je ne l'ai pas. Je suis seul ! » (p. 159).

Puis les relations de correspondance avec Sara diminuèrent. Une dernière lettre lui signifie la rupture complète.

« Il semble que quelque chose se déchire au-dedans de lui-même ; son isolement lui apparaît dans toute son horreur, dit Tardieu, et sa haine du monde et de la vie s'en accroît. Son journal n'est plus qu'une suite de plaintes et de déclamations contradictoires. » (p. 159).

On pourrait citer encore une foule de passages montrant d'une manière frappante le développement de plus en plus accentué de l'état lypémaniaque d'Alexina ; mais il faut se borner....Le lecteur qui voudra se rendre compte de l'état mental du sujet n'aura qu'à se reporter à l'opuscule de Tardieu, dans lequel nous avons déjà si largement puisé. Quelques passages cependant sont caractéristiques. On voit Alexina plein de dégoût pour la vie, parce qu'il ne lui est pas donné d'en profiter : « Parmi ces femmes avilies qui m'ont souri, dont les lèvres ont effleuré les miennes, il n'en est pas une sans doute qui ne se fût reculée de honte sous l'étreinte de mes embrassements, comme au toucher d'un reptile. » Aussi enveloppe-t-il dans un mépris commun tous ses semblables : « De cette coupe, vous avez bu jusqu'à la lie toutes les hontes, tous les deshonneurs sans être encore satisfaits. Gardez donc votre pitié ; elle vous appartient plus qu'à moi, peut-être ! » Oui, il est malheureux par fatalité ; les autres sont coupables parce qu'ils l'ont bien voulu : « Ce serait vous, hommes dégradés, mille fois avilis et à jamais inutiles, jouets méprisables et méprisés de créatures corrompues, ce serait vous qui viendriez me jeter à la face le sar-- casme et l'outrage ? Ah ! Ah ! oui, soyez fiers de vos droits. La fange qui vous couvre témoigne assez du noble usage que vous en avez fait..... » (p. 161). Il se voit en butte à l'injustice des hommes, à leurs sarcasmes ; aussi cette idée s'incarne en lui, et le domine constamment : « Profondément dégoûté de tout et de tous, j'endure, sans en être ému, les injustices des hommes, leurs haines hypocrites. Elles ne sauraient m'atteindre dans le sûr retranchement où je m'enferme. Il y a entre eux et moi un abîme, une barrière infranchissable.... Je les défie tous. » (p. 163).

Alexina eut ensuite à subir plusieurs amères déceptions Il dut quitter une place qu'on lui avait donnée au chemin de fer de X. ., et revint « dans ce Paris qu'il aimait parce qu'il y était oublié ». On ne voulut pas de lui comme valet de chambre. Il attribua cette détermination à l'impression que produit sur un semblable son « visage où ils semblent lire quelque effrayante vérité, dont le secret leur échappe.» Il réussit à se placer dans une maison financière, qu'il dut quitter quelques mois après. « Je considère chaque jour qui m'est donné comme devant être le dernier de ma vie. Et cela tout naturellement, sans le moindre effroi..... La vue d'un tombeau me réconcilie avec la vie. J'y éprouve je ne sais quoi de tendre pour celui dont les ossements sont là à mes pieds. Cet homme qui fut étranger pour moi devient un frère..... Ce que je décris ici, je l'ai éprouvé bien souvent. » (p. 168-70).

La situation était de plus en plus pénible et le malheureux de plus en plus désorienté. Un dénouement se préparait. On en trouve le récit dans cette forme, qui devient de plus en plus banale, aux faits divers de la grande Presse.

« Dans une des plus pauvres mansardes du quartier Latin, à Paris, au commencement de l'année 1868, un jeune homme se donnait la mort. Près du grabat, où gisait son cadavre, était placé un petit fourneau de terre, qui ne contenait plus que des cendres. Il était étendu sur le dos, en partie vêtu, la face cyanosée, la bouche laissant écouler une écume sanguinolente.

» M. le Dr Régnier, médecin de l'état-civil, et le commissaire de police du quartier, s'étant rendus au domicile de ce malheureux, après avoir constaté le décès et aussi l'anomalie physique que présentaient certaines parties du corps, trouvèrent sur une table une lettre écrite par lui et adressée à sa mère, dans laquelle il lui demandait pardon du chagrin qu'il allait lui causer, en mettant fin à une vie que son courage ne lui permettait plus de supporter.

» Outre cette lettre, le jeune homme laissait un manuscrit dans lequel il racontait sa triste vie. »

Ce sont ces pages que Tardieu a publiées textuellement et presque en entier dans son remarquable travail *de l'Identité...* et dont nous venons de résumer une partie.

Alexina s'était suicidé. Il n'avait pu pardonner au monde l'isolement auquel il semblait le condamner. Un peu d'affection l'aurait sauvé peut-être..... Il redit si souvent dans *ses mémoires* qu'il était fait pour aimer et pour être aimé. La sensibilité de son âme se révèle à maintes reprises.

Chez les Ursulines, Alexina aima, à première vue, une jeune fille de 17 ans, Léa, qui se montrait souffrante et mourut bientôt épuisée. Il observe que cette sympathie ne s'explique pas et ne saurait s'expliquer, car il n'avait pas 12 ans.

« Je l'entourais, dit-il, d'un culte idéal et passionné tout à la fois.

» J'étais son esclave, son chien fidèle et reconnaissant. Je l'aimais avec cette ardeur que je mettais en toutes choses.

» J'aurais presque pleuré de joie, quand je la voyais abaisser vers moi ses longs cils d'un dessin parfait, dont l'expression était douce comme une caresse.

» Comme j'étais fier, quand elle voulait bien s'appuyer sur moi au jardin.

» Les bras entrelacés, nous parcourions ainsi de longues allées, bordées de chaque côté d'épais buissons de roses. Elle causait avec cet esprit élevé et incisif qui la caractérisait.

» Sa belle tête blonde se penchait vers moi, et je la remerciais par un baiser plein de chaleur.

» Léa, lui disais-je alors, Léa, je t'aime !

...... » Le soir venu, nous nous séparions jusqu'au lendemain à l'heure de la messe, nous passions la nuit dans un dortoir différent. ...... Un soir du mois de mai, je me rappelle, j'avais réussi à tromper la surveillance...... J'atteinds sans bruit la cellule que je savais être celle de Léa. Je me penchai sans bruit vers son lit ; et, l'embrassant à plusieurs reprises, je lui passai autour du cou un petit christ d'ivoire, d'un fort joli travail, qu'elle m'avait paru envier. ««_Tiens, mon amie, lui dis-je, accepte ceci, et porte-le pour moi »»...... (p. 71).

Ces sentiments affectifs, intenses, trouvèrent encore à s'exagérer le jour de la 1re communion : « Je ne pus manger le soir. Un malaise étrange s'était emparé de moi. Avant de m'endormir, j'avais pressé dans mes bras ma chère Léa ; et le baiser que je lui donnai fut triste comme un dernier adieu ! »

Deux ans plus tard, Léa mourut : « Ainsi fut brisée la première affection de ma vie ! » (p. 74).

Au sortir du couvent, Alexina était âgée de 15 ans. Lorsqu'elle retourna auprès de sa mère, dans une famille seigneuriale de province, elle devint alors la *camériste* d'une jeune fille de 18 ans : c'était la fille du seigneur, dont sa mère était la gouvernante.

« Quoique ne possédant pas toutes les qualités de mon état, je restai toujours dans ses bonnes grâces...... J'assistais le matin à son lever.... Je l'habillais ensuite, et, pendant cette opération, nous discourions à qui mieux mieux sur tous les sujets possibles. Si le silence s'établissait, je me prenais à l'admirer naïvement. La blancheur de sa peau n'avait pas d'égale. Il était impossible de rêver des formes plus gracieuses sans en être ébloui. C'est ce qui m'arrivait. Je ne

pouvais quelquefois m'empêcher de lui adresser un compliment.... »
(p. 76).

Melle Clotilde de R.... avait 20 ans, lorsqu'elle quitta la maison paternelle pour se marier, et, au moment du départ, « cette adorable femme m'embrassa avec attendrissement, me faisant promettre de ne jamais l'oublier, dans aucune circonstance de ma vie. Elle était loin de moi avant que je fusse en état de lui répondre. Cette scène m'avait *anéantie* (*sic*). Je ne pus revoir sans pleurer le coquet appartement qu'avait occupé ma maîtresse. Une sensation indéfinissable me torturait à l'idée qu'elle ne serait plus là le matin pour me donner son premier sourire, sa dernière parole avant de s'endormir » (p. 79).

C'est alors que l'entrée dans l'enseignement fut décidée. Alexina avait 17 ans. Cette décision n'avait que « son indifférence » (p. 80). Elle lui valut plus tard des amertumes motivées par les caractères masculins de ses formes et de ses allures.

Cependant son naturel prit bientôt le dessus. « J'étais *née* (*sic*) pour aimer. Toutes les facultés de mon âme m'y poussaient ; sous une apparence de froideur, et presque d'indifférence, j'avais un cœur de feu.

» Cette malheureuse disposition ne tarda pas à m'attirer des reproches et à me rendre l'objet d'une surveillance que je bravais ouvertement.

» Je me liai bientôt d'une étroite amitié avec une charmante jeune fille, nommée Thécla, plus âgée que moi d'une année. Certes rien n'était plus opposé extérieurement que notre physique. Mon amie était aussi fraîche, aussi gracieuse que je l'étais peu.

» On ne nous appela que les inséparables ; et, en effet, nous ne nous perdions pas de vue d'un seul instant.

» L'été, on faisait l'étude dans le jardin, nous étions l'un près de l'autre, les deux mains enlacées pendant que l'autre tenait le livre. De temps à autre le regard de notre maîtresse s'attachait sur moi au moment où je me penchais vers elle pour l'embrasser, tantôt sur le front, et, *le croirait-on de ma part*, tantôt sur les lèvres. Cela se répétait vingt fois dans une heure. Alors on me condamnait à me placer à l'extrémité du jardin, ce que je ne faisais pas toujours de bonne grâce. A la promenade, les mêmes scènes se renouvelaient. Par une étrange fatalité, nous étions placés au dortoir, moi au N° 2, elle au N° 12. Mais cela ne m'embarrassait guère. Comme je ne pouvais me coucher sans l'embrasser, je manœuvrais de façon à me trouver encore debout quand tout le monde était au lit. Marchant sur la pointe des pieds, j'arrivais jusqu'à elle. Mes adieux terminés, je fus surprise quelquefois par ma maîtresse, dont je n'étais *séparée* que par le N° 1. Les prétextes que je donnais à mes escapades furent admis dès l'abord ; mais il n'en pouvait toujours être ainsi. » (p. 87).

Un autre grave incident vient troubler Alexina, dès les débuts de son entrée en fonctions comme institutrice. On ne peut se défendre de remarquer avec quelle multiplicité de détail le sujet décrit les moindres attributs des femmes qui l'entourent. Mais rien ne dépasse la précision de ce qui se rapporte à Sara, la plus jeune fille de Mme P..., propriétaire du pensionnat. Entre Alexina et Sara, ce fut d'abord une liaison qui ne tarda pas à devenir une affection réelle (p. 102). Les circonstances rapprochèrent leurs deux lits : « Une fois la prière faite et les élèves couchées, nous causions souvent de longues heures, mon amie et moi. J'allais la trouver à son lit, et mon bonheur était de lui rendre ces petits soins que donne une mère à son enfant. Peu à peu je pris l'habitude de la déshabiller. Otait-elle une épingle sans moi, j'en étais presque *jalouse* (*sic*)! Ces détails paraîtront futiles sans doute, mais ils sont nécessaires.

» Après l'avoir étendue sur sa couche, je m'agenouillais près d'elle, mon front effleurant le sien. Les yeux se fermaient bientôt sous mes baisers. Elle dormait, je la regardais avec amour, ne pouvant me résoudre à m'arracher de là. Je la réveillais : « Camille, (c'est le nom que Sara donnait à Alexina), me disait-elle alors, je vous en prie, allez dormir ; vous auriez froid, et il est tard. »

» Vaincu enfin par ses prières, je partais doucement, non sans l'avoir plus d'une fois serrée contre ma poitrine. Ce que j'éprouvais pour Sara, ce n'était pas de l'amitié, c'était une véritable passion !

» Je ne l'aimais pas, je l'adorais !

» Ces scènes se renouvelaient tous les jours.

» Souvent je me réveillais au milieu de la nuit. Alors je me glissais furtivement près de mon amie, me promettant bien de ne pas troubler son sommeil d'ange, mais pouvais-je contempler ce doux visage sans en approcher mes lèvres ?

» Il en résultait que, après une nuit agitée, j'avais peine à me trouver éveillé, lorsque sonnait le réveil. Toujours prête la première, Sara venait à mon lit me donner le baiser d'adieu !

» Elle pressait les retardataires, faisait la prière et s'occupait ensuite à la coiffure des élèves. Je l'aidais dans ce travail, mais hélas ! je n'avais pas son adresse, ses soins délicats, aussi les enfants évitaient-ils soigneusement, autant que cela leur était possible, de se trouver près de moi....

» Un peu avant huit heures, Sara montait au dortoir pour échanger son peignoir contre d'autres vêtements. Je ne souffrais pas qu'elle le fît sans moi. Nous étions seules alors. Je la laçais ; je lissais avec un bonheur indicible les boucles gracieuses de ses cheveux naturellement ondés, appuyant mes lèvres tantôt sur son cou, tantôt sur sa belle poitrine nue !

» Pauvre et chère enfant! Que de fois je fis monter à son front la rougeur de l'étonnement et de la honte ! Tandis que sa main écartait la mienne, son œil clair et limpide s'attachait sur moi comme pour pénétrer la cause d'une conduite qui lui paraissait le comble de l'égarement, et cela devait être.

» Par moment, elle restait frappée de stupeur.

» Il était difficile, en effet, qu'il en fût autrement » (p. 105, 106, 107).

Il y avait quelque temps que ces assiduités se succédaient, lorsque Sara se prit à bouder. Survint un minime incident : « Je venais de lui arracher un sourire, que je lui rendis en l'accablant de baisers. Dans le mouvement que je fis, sa coiffure se dérangea, et ses cheveux, en se déroulant, vinrent m'inonder les épaules et une partie du visage. J'y appliquai mes lèvres brûlantes !

« J'étais violemment *émue* (sic)! Sara s'en aperçut. « De grâce, Camille, me dit-elle, qu'avez-vous ? N'avez-vous donc plus confiance en votre amie ? N'êtes-vous pas ce que j'aime le plus au monde ? » — « Sara, lui criai-je du fond de l'âme, je t'aime comme je n'ai jamais aimé ! Mais je ne sais ce qui se passe en moi. Je sens que cette affection ne peut pas me suffire désormais ! Il me faudrait toute ta vie ! ! ! J'envie parfois le sort de celui qui sera ton époux ! »

» Frappée de l'étrangeté de ces paroles, Sara eut peur, son extrême pâleur le disait assez.

» Mais, ne pouvant les attribuer qu'à un sentiment de jalousie exagérée, qui témoignait de mon attachement, elle ne chercha pas à lui donner un sens impossible. Elle me fit remarquer, d'ailleurs, que je ne pouvais éveiller l'attention de nos élèves, ce que je compris aussitôt. Son serrement de main me fit comprendre que j'étais *pardonnée*. Néanmoins le calme de cette existence jusque-là si pure, venait de recevoir un choc terrible !

» Le retour à la maison se fit silencieusement.

» J'étais triste, embarrassée… un sourire consolant de mon amie venait parfois me faire oublier les affreux déchirements de mon âme !…

» D'horribles souffrances physiques étaient venues, depuis, se joindre à mes maux intérieurs. Ces souffrances étaient telles que plus d'une fois je m'étais cru arrivée au terme de mon existence.

» C'étaient des douleurs sans nom, intolérables, qui, je l'ai su depuis, constituaient un danger imminent » (p. 108, 109).

Puis vient la faute, le crime, la corruption ! Alexina cherche à l'expliquer, et même à l'excuser, en constatant ses origines : « J'aimais d'un amour ardent, sincère, une enfant, qui m'aimait avec toute la fougue, dont elle était capable… » ; puis il rejette toute la responsabilité sur d'autres (p. 112, 113).

« On comprend, ajoute Ambr. Tardieu, on comprend, sans qu'il soit besoin d'insister, quelle était la cause de ces douleurs. Loin d'être l'annonce de l'apparition du flux menstruel, elles étaient produites par l'étranglement de la glande séminale, qui tendait à reprendre sa place naturelle. La visite du médecin ne peut laisser aucun doute à cet égard » (note de la page 109).

On en trouvera la preuve par le rapport médico-légal publié par M. le Dr Chesnet, de *La Rochelle*, au sujet d'Alexina, et publié sous ce titre : Question d'identité. Vices de conformation des organes génitaux Hypospadias. Erreur sur le sexe (Annales d'Hygiène publique et de médecine légale, 2e série, t. XIV, p. 206, juillet 1868). Nous le reproduisons page 68.

Alexina était un homme. Plusieurs fois son attitude l'avait d'ailleurs fait reconnaître comme tel.

Lorsqu'elle faisait une promenade avec Alexina, Sara lui donnait le bras (p. 107) dès les premiers temps de leurs relations.

Après leur crime commun, ces relations étaient pleines de dangers incessants vis-à-vis de leurs élèves.

« Bien qu'elles ne pussent être soupçonnées, il nous fallait rester dans les bornes d'une réserve difficile à garder, pour moi surtout ! ! !......, écrit Alexina.

» Souvent, au milieu des classes, un sourire de Sara venait m'électriser... J'aurais voulu la presser dans mes bras et il fallait se contraindre ! Je ne passais pas à côté d'elle sans lui donner, soit un baiser, soit un serrement de main expressif... »

A la promenade, Sara « me donnait le bras. On arrivait dans un champ. Assis sur l'herbe, à ses genoux, je ne la perdais pas de vue, lui prodiguant les noms les plus tendres, les caresses les plus passionnées... Certes, un témoin invisible, qui eût pu assister à cette scène, eut été étrangement surpris de mes paroles, plus encore de mes gestes ! » (p. 111).

Peu à peu la retenue devint insuffisante.

Puis vint une certaine forme de scandale.

« Dans le monde, écrit l'auteur des souvenirs, on avait admiré d'abord, et critiqué ensuite, l'intimité établie entre Sara et moi, comme étant un peu exagérée, pour ne pas dire suspecte. Assurément on était à cent lieues de la vérité.

» Faute de la connaître, on faisait des commentaires de toutes sortes, et enfin quelques charitables commères, comme il s'en trouve toujours, crurent devoir en prévenir Mme P..., au nom de la morale outragée par notre conduite journalière, en face de nos élèves. Moi surtout, j'étais gravement *inculpée*. On me faisait un crime d'embrasser trop souvent mademoiselle Sara.

» Nous remarquâmes, en effet, que nous étions l'objet d'un sérieux examen de la part des enfants, parmi lesquelles il s'en trouvait d'assez âgées.

» Me voyaient-elles me pencher sur mon amie et la presser dans mes bras, elles détournaient la tête avec embarras, comme si elles eussent craint de nous voir rougir. Les pensionnaires, surtout, qui assistaient à notre lever, à notre coucher, manifestèrent plus d'une fois leur étonnement de certains petits détails, dont elles étaient frappées, sans doute. Elles en causèrent évidemment. De là venaient les bruits répandus dans le public. Mme P... en fut sérieusement affectée. N'osant m'en parler, elle appela sa fille... (et elle lui fit souvenir) qu'il est des convenances que, même entre *jeunes filles*, on est tenu d'observer... » (p. 114).

Plus tard, un peu avant l'époque à laquelle le jugement du tribunal lui restitua son sexe, Alexina est reconnue par une de ses anciennes compagnes ; « la rusée remarqua que je tenais mon parapluie sous le bras gauche, et que j'avais la main droite dégantée derrière le dos. Cela lui parut assez peu gracieux de la part d'une *institutrice*....... Mes mouvements, du reste, étaient en harmonie avec ma physionomie, aux traits durs et sévèrement accentués » (p. 145).

Il avait d'ailleurs bien d'autres caractères physiques du sexe masculin.

A l'École Normale, Alexina avait dû prendre son rang dans un immense dortoir composé de 50 lits à peu près. «Agée de dix-sept ans, je souffris énormément de cette espèce de communauté. L'heure du lever surtout était un supplice pour moi; j'aurais voulu pouvoir me dérober à la vue de mes aimables compagnes, non pas que je cherchasse à les fuir, — je les aimais trop pour cela ; — mais instinctivement j'étais honteuse de l'énorme distance qui me séparait d'elles, physiquement parlant.

» A cet âge où se développent toutes les grâces de la femme, je n'avais ni cette allure pleine d'abandon, ni cette rondeur de membres qui révèlent la jeunesse dans toute sa fleur. — Mon teint, d'une pâleur maladive, dénotait un état de souffrance habituelle.—Mes traits avaient une certaine dureté, qu'on ne pouvait s'empêcher de remarquer.— Un léger duvet, qui s'accroissait tous les jours, couvrait ma lèvre supérieure et une partie de mes joues. On le comprend, cette particularité m'attirait souvent des plaisanteries, que je voulus éviter en faisant un fréquent usage de ciseaux en guise de rasoir. Je ne réussis, comme cela devait être, qu'à l'épaissir davantage et à la rendre plus visible encore.

» J'en avais le corps littéralement couvert; aussi évitais-je soigneusement de me découvrir les bras, même dans les plus fortes chaleurs, comme le faisaient mes compagnes. — Quant à ma taille, elle restait d'une maigreur vraiment ridicule.— Tout cela frappait l'œil ; je m'en apercevais tous les jours » (p. 85, 86).

M. le Dr Chesnet, de La Rochelle, a publié, son très remarquable rapport d'expertise dans les termes suivants :

« Je soussigné, docteur en médecine, demeurant à la Rochelle (C. I.), expose à qui de droit ce qui suit : Un enfant né des époux B. le 8 novembre 1838, fut déclaré à l'État-civil comme une fille ; et, quoique inscrite sous les noms d'Adélaïde-Herminie, ses parents prirent l'habitude de l'appeler Alexina, nom qu'elle a continué à porter jusqu'à ce moment. Placée dans les écoles de jeunes filles, et plus tard à l'École normale du département de la Charente-Inférieure, Alexina a obtenu il y a deux ans un brevet d'institutrice et en exerça les fonctions dans un pensionnat. S'étant plainte de douleurs vives qu'elle éprouvait dans l'aîne gauche, on se décida à la soumettre à la visite d'un médecin, qui ne put retenir, à la vue des organes génitaux l'expression de sa surprise. Il fit part de ses observations à la maîtresse du pensionnat , qui chercha à tranquilliser Alexina, en lui disant que ce qu'elle éprouvait tenait à son organisation, et qu'il n'y avait point à s'en inquiéter.

» Alexina, toutefois préoccupé d'une sorte de mystère dont elle entrevoyait qu'elle était l'objet et de quelques paroles échappées au médecin pendant la visite, commença à porter sur elle-même plus d'attention qu'elle ne l'avait encore fait. En rapport tous les jours avec des jeunes filles de quinze à seize ans, elle éprouvait des émotions, dont elle avait peine à se défendre. Plus d'une fois la nuit, ses rêves étaient accompagnés de sensations indéfinissables ; elle se sentait mouillée et trouvait le matin sur son linge des tâches grisâtres et comme empesées. Surprise autant qu'alarmée, Alexina confia l'état si nouveau de son âme à un ecclésiastique, qui, non moins étonné sans doute, l'engagea à profiter d'un voyage qu'elle devait faire à K...... où demeure sa mère pour consulter Monseigneur. Elle se présenta en effet à l'évèché; et, à la suite de cette visite, je fus chargée d'examiner avec soin Alexina et de donner mon avis sur son véritable sexe. — De cet examen résultent les faits suivants :

» Alexina, qui est dans sa 22e année, est brune ; sa taille est de 1^m,59. Les traits du visage n'ont rien de bien caractérisé et restent indécis entre ceux de l'homme et ceux de la femme. La voix est habituellement celle d'une femme ; mais parfois, dans la conversation ou dans la toux, il s'y mêle des sons graves et masculins. Un léger duvet recouvre la lèvre supérieure ; quelques poils de barbe se remarquent sur les joues, surtout à gauche. — La poitrine est celle d'un homme ; elle est plate et sans apparence de mamelles. Les règles n'ont jamais paru, au grand désespoir de sa mère et d'un médecin qu'elle a consulté, et qui a vu toute son habileté rester impuissante à faire apparaître cet écoulement périodique. — Les membres supérieurs n'ont rien des formes arrondies, qui caractérisent ceux des femmes bien faites ; ils sont très bruns et légèrement velus. — Le bassin, les hanches sont ceux d'un homme.

» La région sous-pubienne est garnie d'un poil noir des plus abondants. Si l'on écarte les cuisses, on aperçoit une fente longitudinale s'étendant de l'éminence pubienne aux environs de l'anus. A la partie supérieure se trouve un corps péniforme, long de 4 à 5 cent. de son point d'insertion à son extrémité libre, laquelle a la forme d'un gland recouvert d'un prépuce légèrement aplati et imperforé. Ce petit membre, aussi éloigné par ses dimensions du clitoris que de la verge dans son état normal, peut, au dire d'Alexina, se gonfler, se durcir et s'allonger. Toutefois l'érection proprement dite doit être fort limitée, cette verge imparfaite se trouvant retenue inférieurement par une sorte de bride, qui ne laisse libre que le gland.

» Les grandes lèvres apparentes, que l'on remarque de chaque côté de la fente, sont très-saillantes, surtout à droite, et recouvertes de poils ; elles ne sont en réalité que les deux moitiés d'un scrotum resté divisé. — On y sent manifestement, en effet, en les palpant, un corps ovoïde suspendu au cordon des vaisseaux spermatiques. Ce corps, un peu moins développé que chez l'homme adulte, ne me paraît pouvoir être autre chose que le testicule. — A droite, il est tout à fait descendu ; à gauche, il est resté plus haut, mais il est mobile et descend plus ou moins quand on le presse. — Ces deux corps globuleux sont très sensibles à la pression, quand elle est un peu forte. C'est, selon toute apparence, le passage tardif du testicule gauche à travers l'anneau inguinal, qui a causé les vives douleurs, dont se plaignait Alexina, et rendu nécessaire la visite d'un médecin, qui, apprenant qu'Alexina n'a jamais eu ses règles, s'écria : « je le crois bien : elle ne les aura jamais ! »

» A un centimètre au-dessous de la verge se trouve l'ouverture d'un urèthre tout féminin. J'y ai introduit une sonde et laissé couler une petite quantité d'urine. La sonde retirée, j'ai engagé Alexina à uriner en ma présence, ce qu'elle a fait d'un jet vigoureux dirigé horizontalement à sa sortie du canal. Il est bien probable que le sperme doit être également lancé à distance.

» Plus bas que l'urèthre, à 2 cent. environ au-devant de l'anus, se trouve l'orifice d'un canal très étroit, où j'aurais pu faire pénétrer l'extrémité de mon petit doigt, si Alexina ne se fût retirée et n'eût paru en éprouver de la douleur. J'y introduisis ma sonde de femme et reconnus que ce canal avait à peu près 5 cent. de long et se terminait en cul-de-sac. Mon doigt indicateur introduit dans l'anus a senti le bec de la sonde à travers des parois, qu'on peut appeler recto-vaginales. Ce canal est donc une sorte d'ébauche du vagin au fond duquel on ne trouve aucun vestige du col utérin.— Mon doigt, porté très haut dans le rectum, n'a pu, à travers les parois de l'intestin, rencontrer la matrice. Les fesses et les cuisses, à leur partie postérieure, sont couvertes d'une abondance de poils noirs comme chez l'homme le plus velu.

» Des faits ci-dessus que conclurons-nous ? Alexina est-elle une femme ? Elle a une vulve, des grandes lèvres, un urèthre féminin indépendant d'une sorte de pénis imperforé ; ne serait-ce pas un clitoris monstrueusement développé ? Il existe un vagin, — bien court à la vérité, bien étroit, — mais enfin, qu'est-ce, si ce n'est un vagin ? Ce sont là des attributs tout féminins. — Oui, mais Alexina n'a pas de mamelles ; elle n'a jamais été réglée ; tout l'extérieur du corps est celui d'un homme ; mes explorations n'ont pu me faire trouver la matrice. Ses goûts, ses penchants l'attirent vers les femmes. La nuit, des sensations voluptueuses sont suivies d'un écoulement spermatique ; son linge en est taché et empesé. Pour tout dire enfin, des corps ovoïdes, un cordon, des vaisseaux spermatiques, se trouvent au toucher dans un scrotum divisé. Voilà les vrais témoins du sexe ! — Nous pouvons maintenant conclure et dire : Alexina est un homme hermaphrodite sans doute, mais avec prédominance du sexe masculin. — Son histoire est, pour les parties essentielles, la reproduction presque complète d'un fait raconté par M. Marc dans le *Dictionnaire des Sciences médicales*, et cité également par Orfila dans le volume de sa *Médecine légale*. Marie-Marguerite, dont parlent ces auteurs, a sollicité en 1863 et obtenu du tribunal de Dreux, la rectification de son sexe sur les registres de l'État-civil. »

L'autopsie enfin **démontre** d'une façon péremptoire l'authenticité, la certitude, l'évidence même des caractères du sexe masculin.

Le rapport remarquable de M. le Dr Chesnet a été complété plus tard, lors de l'enquête à laquelle donna lieu la mort d'Alexina. M. le Dr Goujon a consigné (*Étude d'un cas d'hermaphrodisme bisexuel imparfait chez l'homme*, dans le *Journal de l'anatomie et de la physiologie normales et pathologiques de l'homme et des animaux*, publié par Ch. Robin, 6ᵉ année, 1869, p. 599) les résultats de l'examen anatomique très minutieux et très exact, auquel il a soumis les organes tant externes qu'internes :

« La taille est la même que celle notée dans le rapport de M. Chesnet ; les cheveux sont noirs, assez abondants et fins ; la barbe est également noire, mais n'est pas très abondante sur les parties latérales de la face ; elle est bien plus épaisse au menton et à la lèvre supérieure. Le col est grêle et assez long, et le larynx fait peu saillie en avant. La poitrine a les dimensions ordinaires et la conformation de celle d'un homme de cette taille, et l'on n'y rencontre pas de poils, si ce n'est autour des mamelons qui sont noirs et peu saillants ; quant aux mamelles, il n'en existe pas plus que chez un homme de cet embompoint. Les membres inférieurs et supérieurs sont recouverts de poils noirs très fins ; et les saillies musculaires sont plus accentuées qu'elles ne le sont chez la femme. Les genoux ne sont point inclinés l'un vers l'autre ; le pied et la main sont petits ; le bassin n'est pas plus développé qu'il ne doit l'être chez un homme.

» Sur le pénil, qui est proéminent, sont répandus abondamment de poils noirs, longs et frisés, qui couvrent également le périnée et le parties, qui simulent les grandes lèvres et bordent complètement l'anus, disposition qui manque généralement chez la femme. A la place qu'il occupe normalement, se voit un pénis, régulièrement inséré, long de 5 cent. et de 2 cent. 1/2 de diamètre à l'état de flaccidité. Cet organe se termine par un gland imperforé, aplati latéralement et complètement découvert du prépuce, qui forme une couronne à sa racine. Ce pénis, qui ne dépasse pas en volume le clitoris de certaines femmes, est légèrement recourbé en bas, retenu qu'il est dans cette position par la partie inférieure du prépuce, qui va se confondre et se perdre dans les replis de la peau, qui forme les grandes et les petites lèvres.

» Un peu au-dessous du pénis, et dans la situation qu'il a chez la femme, se trouve un urèthre, analogue à celui de cette dernière. Il est facile d'y introduire une sonde et d'arriver à la vessie, que nous avons vidée de la sorte.— Plus bas que l'urèthre, se voit l'orifice du vagin ; on y introduit facilement le doigt indicateur ; mais on ne sent rien au bout du doigt, qui rappelle la conformation d'un col utérin ; on a au contraire la sensation d'un cul-de-sac. La longueur de ce vagin est de 6 cent. 1/2 ; sur ses parties latérales et dans toute sa longueur, on sent au toucher deux petits cordons durs, placés au-dessous de la muqueuse, et qui sont, comme nous le verrons plus loin, les conduits éjaculateurs qui viennent s'ouvrir à l'orifice vulvaire et chacun d'un côté. La muqueuse vaginale est lisse et très injectée, et se trouve recouverte, dans toute son étendue, d'un épithélium pavimenteux, qui est celui qui tapisse le vagin de la femme. On constate l'existence de petits follicules dans l'épaisseur de cette muqueuse. Près de l'orifice vulvaire, on trouve un assez grand nombre de petits orifices de canaux excréteurs de glandes situées au-dessous ; et, en comprimant légèrement la peau de cette région, on fait sortir par ces petits trous une matière gélatineuse incolore, et qui n'est autre que du mucus concret.

» L'anus est situé à 2 cent. 1/2 de la vulve et ne présente rien d'anormal. De chaque côté de l'organe érectile. (pénis ou clitoris,) et formant une véritable gouttière, dans laquelle se trouve ce dernier, il existe deux replis volumineux de la peau, qui sont les deux lobes d'un scrotum resté divisé : — Le lobe droit, beaucoup plus volumineux que le gauche, contient manifestement un testicule, d'un volume normal et dont il est facile de percevoir, à travers la peau, le cordon jusqu'à l'anneau. — Le testicule gauche n'était pas complètement descendu; une grande partie était encore engagée dans l'anneau.

» A l'ouverture du cadavre, on voit que l'épididyme seulement du testicule gauche avait franchi l'anneau ; il est plus petit que le droit ; les canaux déférents se rapprochent, en arrière et en bas, de la vessie. Ils ont des rapports normaux avec les vésicules séminales, d'où partent les deux canaux éjaculateurs, qui font saillie et rampent sous la muqueuse vaginale de chaque côté, jusqu'à l'orifice vulvaire. Les vési-cules séminales, dont la droite est un peu plus volumineuse que la gauche, sont distendues par du sperme, qui a la consistance et la couleur normales. L'examen microscopique de ce liquide n'y montre pas de spermatozoïdes, qu'il soit pris dans les vésicules ou dans les testicules. On voit pourtant dans le testicule qui avait franchi l'anneau et la vésicule correspondante des corps arrondis, volumineux, qui rappellent les cellules-mères des spermatozoïdes ou ovules mâles de Robin. Il est facile de dérouler les tubes testiculaires pour l'un et l'autre testicule; et le microscope ne montre rien d'anormal pour celui du côté droit; mais, pour celui du côté gauche, qui était en partie dans l'abdomen, les tubes sont graisseux et le parenchyme du testicule a une teinte jaunâtre, que n'a pas l'autre.

» Une petite canule étant placée dans chacune des vésicules séminales, je pousse une injection de lait pour m'assurer de la direction des conduits éjaculateurs ; ce lait vient sortir par jets à l'orifice de la vulve, et de chaque côté, comme je l'ai dit plus haut.— La vessie, régulièrement située, est volumineuse ; distendue par une injection d'eau, elle remonte au-dessus du pubis.— Rien ne rappelle, par la forme, la présence d'un utérus et des ovaires ; on trouve seulement, bien audessus du cul-de-sac qui forme le vagin, un plan fibreux épais sur lequel sont accolées les vésicules séminales, qui remonte très haut derrière la vessie et retient de chaque côté le vagin fixé, en rappelant, jusqu'à un certain point, la forme des ligaments larges ; mais la dissection la plus attentive ne permet d'établir aucune assimilation avec un utérus ou des ovaires. — Il fut du reste impossible de découvrir aucun orifice au fond du vagin ; il finissait complètement en cul-de-sac.

» Le péritoine avait ses rapports normaux avec la vessie; et il passait beaucoup au-dessus du cul-de-sac vaginal, dont il était loin de toucher le fond.

» On constate facilement, à la dissection, la présence de deux glandes vulvo-vaginales, qui ont le siége et le volume qu'elles ont ordinairement, et leur petit conduit excréteur, qui vient s'ouvrir un peu audessous des canaux éjaculateurs du sperme ; en comprimant ces glandes, on fait sortir une assez grande quantité d'un liquide visqueux.

» Sur l'urètre, et au voisinage du col de la vessie, se trouvait également une petite glande, qui était assurément une prostate peu développée. »

La certitude d'une erreur de sexe au détriment d'Alexina est donc des mieux établies. On l'a vu, bien d'autres faits analogues sont connus. Mais il n'en est aucun, qui démontre autant par quelles phases pénibles passent les troubles profonds d'un esprit livré aux assauts de véritables tortures morales.

Les passages de ses *souvenirs*, qui témoignent de ses tendances affectives, de sa véritable tendresse, sont déjà connus du lecteur. Ils ne sauraient suffire pour faire bien juger de l'âme de cet être bizarre. — Alexina n'était pas primitivement mauvais. Il resta chaste dans des circonstances particulièrement difficiles ; mais il eut l'immense malheur de ne pas se trouver dans le milieu qui lui convenait ; il eut l'incommensurable infortune de n'être pas sincèrement préparé aux luttes et aux difficultés, que lui réservait son étrange existence. — Rien n'est plus instructif que l'étude attentive des fluctuations d'une conscience tour à tour écoutée, reniée, écoutée encore, avec des alternatives d'énergie et de faiblesse, avec des luttes, dont les détails intimes étonnent le philosophe,.... jusqu'au moment de la suprême lâcheté du suicide.

Ambroise Tardieu a rendu un service incomparable, lorsqu'il a si bien montré la victime de l'erreur, après vingt ans passés sous les habits d'un sexe qui n'est pas le sien, aux prises avec une passion qui s'ignore elle-même, avertie enfin par l'explosion de ses sens, puis rendue à son véritable sexe en même temps qu'aux sentiments réels de son infirmité physique, prenant la vie en dégoût et y mettant fin par le suicide ! (Ambroise Tardieu, page 61).

Divers incidents vinrent contribuer à troubler profondément l'existence d'Alexina.... Pendant son séjour à l'École normale survint un orage qui le terrifia. Tout le monde était au dortoir ; Alexina était déjà épouvanté, lorsque survint un coup de tonnerre tel qu'il n'en a jamais entendu de semblable. En même temps, la fenêtre s'ouvrit avec fracas. Éperdu, Alexina poussa un cri de détresse, franchit, on ne sait comment, l'espace qui le séparait de la religieuse : « Mue par un ressort électrique, j'étais *tombée anéantie* dans les bras de sœur

Marie-des-Anges, qui ne put se dégager de mon étreinte imprévue.

» Ses deux bras s'attachaient à mon cou, tandis que ma tête s'appuyait avec force contre sa poitrine, couverte seulement d'un vêtement de nuit. Le premier moment de frayeur apaisé, sœur Marie-des-Anges me fit remarquer doucement l'état de nudité, dans lequel je me trouvais. Certes, je n'y songeais pas ; mais je compris sans l'entendre.

» Une *sensation inouïe* me dominait tout *entière* et m'accablait de honte.

» Ma situation ne peut s'exprimer.

» Quelques élèves entouraient le lit et regardaient cette scène, ne pouvant attribuer qu'au sentiment de la peur le tremblement nerveux qui m'agitait.... Je n'osais maintenant ni me retirer, ni affronter les regards fixés sur moi..... Sous le coup d'une émotion difficile à décrire, je n'entendais plus l'orage qui grondait encore sourdement.... J'étais *partie* sans oser jeter les yeux sur ma maîtresse. Un désordre complet régnait dans mes idées. Mon imagination était troublée sans cesse par le souvenir des *sensations* éveillées en moi, et j'arrivai à me les reprocher comme un crime.... Cela se comprendra ; j'étais à cette époque dans la plus grande ignorance des choses de la vie. Je ne soupçonnais rien des passions qui agitent les hommes.

» Le milieu dans lequel j'avais vécu, la façon dont j'avais été *élevée* m'avaient *préservée* jusque-là d'une connaissance, qui, sans nul doute, m'eût *poussée* aux plus grands scandales, à des malheurs déplorables. Ce qui s'était passé ne fut pas pour moi une révélation, mais un tourment de plus dans ma vie......... A partir de ce moment, ma réserve naturelle s'augmenta de beaucoup vis-à-vis de mes compagnes. Un fait que je puis citer ici sans compromettre personne en donnera une idée. » (p. 92).

Il s'agissait de bains de mer, précédés d'une promenade à travers des dunes et des marais : « Force nous fut de marcher pieds nus. Une gaîté folle animait mes compagnes.... J'en étais *jalouse* (sic) malgré moi. De temps à autre, mon front s'inclinait sous le poids d'une tristesse que je ne pouvais vaincre. Une préoccupation constante s'était emparée de mon esprit. J'étais *dévorée* (sic) du terrible mal de *l'inconnu*..... »

Alexina raconte en détail l'improvisation du coucher et laisse deviner les sensations qui en résultèrent pour lui. Il se rend bien

compte de la bizarrerie de sa situation, quand il écrit : « Quelle destinée était la mienne ! Et quels jugements porteront sur moi ceux qui
me suivront pas à pas dans cette incroyable carrière, que pas un être
vivant avant moi n'aura parcourue ! » (p. 94).

Pendant la nuit suivante, un autre couchage fut improvisé ; trois
élèves se trouvaient simultanément dans chaque lit. Alexina se dit :
« Je ne dis pas ce que fut cette nuit pour moi !!! » (p. 95). On peut
supposer combien le sujet en fut bouleversé lorsque le lendemain
l'entourage était frappé de son air d'abattement et s'informait avec
sollicitude de sa santé.

Puis vint le bain de mer, plus ou moins régulier. Entre toutes les
jeunes filles, « c'était une hilarité folle ! *Moi* seule assistais à cette
baignade en spectateur. Qui m'empêcha d'y prendre part ? Je n'aurais
pas pu le dire alors. Un sentiment de pudeur, auquel j'obéissais
malgré moi, me contraignait à m'abstenir, comme si j'eusse craint, en
me mêlant à ce divertissement, de blesser les regards de celles qui
m'appelaient leur amie, leur sœur !

» Certes, elles étaient loin de soupçonner de quels sentiments
tumultueux j'étais *agitée* en présence de ce laisser-aller, si naturel
pourtant, entre jeunes filles du même âge ! Les plus âgées parmi
nous pouvaient avoir vingt-quatre ans. J'en avais dix-neuf, et beaucoup d'autres n'atteignaient pas ce chiffre........

» On le devine, les *émotions* (*sic*) qui me torturaient n'étaient pas
de nature à augmenter mes forces.

» Bien qu'on ne me l'avouât pas, je m'apercevais que mon état
causait des inquiétudes. La science ne s'expliquait pas *certaine absence*
et lui attribuait tout naturellement l'espèce de dépérissement qui me
nuisait. » (p. 98).

Puis vint le temps, où Alexina fut *directrice* du pensionnat de
Mme P... Ce fut le temps de ses relations avec Sara, institutrice plus
jeune d'un an.

Alexina avait 19 ans. Pendant des manifestations d'une affection
très intense, des accidents douloureux, dus à l'étranglement testiculaire, vinrent à se manifester. « Ces souffrances se manifestaient
surtout la nuit et m'ôtaient jusqu'à la possibilité de pousser le moindre
cri ! »

Ce fut le moment du plus pressant danger pour les mœurs du
malheureux sujet. Il fut d'autant plus immédiat qu'Alexina paraît

bien avoir pris le rôle d'un tentateur, plus ou moins conscient de la gravité de son initiative.

» *Heureuse* (sic) de ce prétexte, qui n'était que trop vrai, je priai, écrit Alexina, je priai un soir mon amie de partager mon lit. Elle accepta avec plaisir. Dire le bonheur, que je ressentis de sa présence à mes côtés, serait chose impossible ! J'étais *folle* (sic) de joie ! Nous causâmes longuement avant de nous endormir, moi, les deux bras passés autour de sa taille, elle, reposant le visage près du mien !.... Ai-je été coupable ? et dois-je donc ici m'accuser d'un crime ? Non, non ! (c'est le jugement intéressé qu'Alexina porte sur sa propre conduite).... Cette faute ne fut pas la mienne, mais celle d'une fatalité sans exemple, à laquelle je ne pouvais (?) résister !!! Sara *m'apparte-nait* désormais !!.... *Elle était à moi !!!....* » (p. 109).

Alexina était directrice et Sara institutrice d'un même pensionnat, dont la propriétaire-gérante n'était autre que Mme P..., mère de Sara.

« Destinée à vivre dans la perpétuelle intimité de deux sœurs, il nous fallait maintenant dérober à tous le secret foudroyant, qui nous *liait* l'un à l'autre !!! C'est là une existence, qui ne saurait être comprise ! Le bonheur, que nous allions goûter, ne pouvait-il pas, par quelque circonstance imprévue, éclater au grand jour, et nous marquer au front de la réprobation publique ? Pauvre Sara ! Quelles terribles angoisses je lui ai causées !

» Le lendemain de cette nuit la trouva anéantie !!! Ses yeux, rougis par les larmes, portaient l'empreinte d'une insomnie cruelle-ment tourmentée.

» N'osant braver ainsi le regard clairvoyant d'une mère, elle ne vit la sienne qu'au déjeuner. Assurément j'étais moins troublé ; mais je n'avais pas la force de jeter les yeux sur Mme P....., pauvre femme, qui ne voyait en moi que *l'amie* de sa fille, tandis que j'étais son amant !....

» Une année s'écoula de la sorte !.... » (110).

Évidemment, l'auteur de ces lignes cherche tous les moyens de se disculper ; et il ne se dissimule, ni la gravité de son crime de corrup-teur, ni la perversité de son abus de confiance. Il sait (p. 112) qu'il occupe dans la famille, la plus honorable de la localité, un poste de confiance excessivement délicat ; mais il écarte systématiquement les remords les plus amers et les plus importuns, sans réussi à les supprimer tous.

« Certes, je le voyais bien, l'avenir était sombre ! Il me faudrait tôt ou tard, rompre avec un genre de vie qui n'était plus le mien. Mais, hélas ! comment sortir de cet affreux dédale ? Où trouver la force de déclarer au monde que j'usurpais une place, un titre, que m'interdisaient les lois divines et humaines ? Il y avait de quoi troubler un cerveau plus solide que le mien. A partir de ce moment, je ne laissai Sara, ni le jour, ni la nuit !... Nous avions fait le doux rêve d'être à jamais l'un à l'autre, à la face du ciel, c'est-à-dire par le mariage.

» Mais il y avait loin du projet à l'exécution !

» Toutes sortes de plans, plus bizarres les uns que les autres, avaient pris naissance dans notre imagination en délire. Plus d'une fois, la fuite s'était présentée à moi, comme l'unique moyen d'arriver à un résultat. Sara l'acceptait, puis le repoussait bien vite avec effroi.... Mes lettres à ma mère se ressentaient visiblement de ma préoccupation constante..... C'étaient pour elle autant d'énigmes insolubles. Elle en arriva à me croire fou, me suppliant de mettre fin à ses cruelles incertitudes. J'essayais alors de la calmer, et je la jetais en de nouvelles perplexités.... » (p. 111).

Cependant le remords poursuit le coupable, qui, dans sa fonction de *directrice*, avait une autorité entière, absolue ! « De plus, une affection sincère, dont je recevais tous les jours de nouvelles preuves, m'avait été vouée par tous les membres de cette famille ! Et je la trompais cependant ! Cette douce jeune fille, devenue ma compagne, ma sœur, j'en avais fait ma *maîtresse* ! ! !... » (*sic*).

Est-il possible de méconnaître, dans ces expressions, le cri d'une conscience bourrelée de remords ? Cependant, l'auteur des *Souvenirs* ne se rend pas encore. Il en appelle au jugement de la postérité. Il veut parvenir à rejeter sur d'autres la responsabilité de sa coupable perversité de corrupteur. « Ai-je été coupable, criminel, parce qu'une erreur grossière m'avait assigné dans le monde une place, qui n'aurait pas dû être la mienne ? » (p. 112).... Sara « pouvait-elle refuser à l'amant cette tendresse de sentiments, vouée à *l'amie*, à la *sœur* ? et, si ce naïf amour devint de la passion, qui donc faut-il accuser, sinon la fatalité ? » (p. 116).

Cependant, il faut que les deux coupables aient fait de bien grands efforts pour s'étourdir réciproquement et se tromper mutuellement. jusqu'à vouloir se persuader l'un l'autre que leur crime commun n'était pas tout ce qu'il était !.... L'instinct lui-même en témoignait avec sa loyale spontanéité. Alexina le reconnaît implicitement dans cet aveu : « Sara se plaisait à me donner la qualification masculine, que devait plus tard m'accorder l'État-civil. Mon cher Camille, je vous aime tant ! ! !......... » (p. 116).

A quelques mois de là, Sara lui fait une confidence, dont il est atterré ! (p. 122). Il lui semblait possible que des craintes de paternité fussent fondées.

Cependant les mêmes relations criminelles se reproduisaient et les douleurs d'étranglement testiculaire reparaissaient.

Alors survint, pour la première fois, une exploration par un médecin. Il paraît certain que l'erreur de sexe fut reconnue ; mais il semble que le devoir du secret médical ait imposé le silence en présence de Mme P.... « Le médecin se contenta de l'engager à m'éloigner de sa maison et au plus vite, croyant se dégager par là de toute responsabilité. » (p. 127). — Alexina se permet de lui reprocher, dans *ses Souvenirs*, d'avoir commis « une faute grave, non seulement vis-à-vis de la morale, mais aux yeux de la loi ! » (p. 127). « Son silence, son attitude à mon égard me semblaient une énormité révoltante ! » (p. 128). C'est évidemment avec la meilleure bonne foi, qu'Alexina profère ces reproches, — sans se rendre compte de ce qu'il y a de pénible à observer délicatement le devoir du secret médical, — sans se rendre compte surtout que c'est du côté d'Alexina que se trouve la faute la plus grave contre la morale, et l'énormité la plus révoltante !

Puis, Mme P... défendit formellement à sa fille de partager le lit d'Alexina. Quelque solennelle qu'elle fût, cette défense ne fut pas respectée. C'eut été, selon l'auteur *des Souvenirs* « demander à la nature un sacrifice héroïque, dont elle est incapable ! » (p. 130).

Survinrent pour la seconde fois les vacances du pensionnat...... L'éloignement de Sara, objet de sa passion, d'une part, — le voisinage d'une mère sage, d'un protecteur prudent et circonspect, le retour dans un milieu calme et absolument respectable, de l'autre, — conduisent Alexina à envisager sa situation démoralisée avec un sang-froid exempt de toute passion.

C'est dans ces conditions, qu'Alexina en vint à prendre la résolution énergique de soumettre sa perplexité au sage jugement de l'autorité de son Évêque.

L'idée même d'une semblable démarche étonnera plus d'un lecteur. Il n'en sera plus de même pour ceux qui voudront bien se rendre compte des résultats acquis par l'éducation première et par l'instruction secondaire du sujet.

Dès son jeune âge Alexina B..., apprécie parfaitement combien une morale, douce et sévère à la fois, lui est d'un puissant secours pour l'empêcher de succomber aux perturbations profondes de son esprit, et aux irrégularités, dont il avait confusément conscience. Au milieu des sensations étranges, qui résultaient des conformations tératologiques, avec un entourage et des occupations qui ne convenaient pas à son véritable sexe, il se trouvait continuellement ballotté, cahoté entre ses bonnes et ses mauvaises tendances. Très fatigué de ces incessants bouleversements, il éprouvait un impérieux besoin d'un guide et d'un appui, qui fût assez puissant pour l'empêcher de se dévoyer.

Il le dit en termes exprès, en différents passages de *ses souvenirs*.

« Comme mon enfance, une grande partie de ma jeunesse s'écoula dans le calme délicieux des maisons religieuses.

» Des maisons véritablement pieuses, des cœurs droits et purs présidèrent à mon éducation. J'ai vu de près ces sanctuaires bénis, où s'écoulent tant d'existences, qui, dans le monde, eussent été brillantes et enviées.

» Les modestes vertus, que j'ai vu briller, n'ont pas peu contribué à me faire comprendre et aimer la religion vraie, celle du dévouement et de l'abnégation.

» Plus tard, au milieu des orages et des fautes de ma vie, ces souvenirs m'apparaissent comme autant de visions célestes, et dont la vue fut pour moi un baume réparateur.

» Mes seules distractions à cette époque, furent les quelques jours que j'allais passer chaque année dans une noble famille, où ma mère était traitée en amie, bien plus qu'en gouvernante. Le chef de cette famille était l'un de ces hommes mûris par les malheurs d'une époque sinistre et désastreuse. » (Tardieu, page 64).

En sortant de l'Orphelinat, Alexina B..., conservait une profonde reconnaissance pour la sœur M.... En la quittant, elle prit une de ses mains, la serra dans la sienne, et, ne pouvant autrement s'expliquer, car il était violemment ému, il la porta à ses lèvres.........., (p. 67).

Elle raconte sa première impression, lorsqu'elle entra au couvent des Ursulines, et qu'elle se trouva pour la première fois en présence de la supérieure.

« Je ne vis jamais tant de majestueuse grandeur et une si expressive beauté sous l'habit religieux. La mère Eléonore, ainsi qu'on l'appelait, appartenait, je l'ai su plus tard, à la plus haute noblesse de France.

» Son maintien était fier et inspirait le respect. On ne pouvait cependant voir de physionomie plus sympathique, plus attrayante. La voir c'était l'aimer. Elle joignait à des connaissances très étendues une rare habileté, dont elle avait fait preuve dans la direction des affaires de sa maison. La considération sans borne, dont elle jouissait, en avait fait une autorité dans la ville.

» D'autres que moi pourraient l'affirmer, elle la méritait sous tous les rapports. Au jour où j'écris ces lignes, elle a cessé d'exister, et je sens que je la regretterai toujours. Son souvenir est encore un des plus doux qui me soient restés. Au milieu des agitations incroyables de ma vie, j'aimais à me rappeler la suavité de son sourire d'ange, et je me sentais plus heureux.

» Je fus bientôt à l'aise dans cette sainte maison, sous l'égide d'une affection, dont instinctivement j'étais aussi fier que j'en étais heureux.

» Les études étaient sérieuses et confiées à des mains réellement intelligentes. » (p. 67 et 68).

Après un acte d'indiscipline d'Alexina, une religieuse en référa à la supérieure.

» Ce que je ressentais pour notre mère, c'était une espèce d'adoration affectueuse et soumise plutôt que de la crainte ; la pensée d'avoir encouru son mécontentement m'était insupportable....

» Pendant la récréation qui suit le déjeuner, une sœur converse vint me dire de me rendre dans le cabinet de la supérieure. J'y entrai en tremblant, comme le condamné devant un juge.

» Je crois voir encore cette physionomie sereine et imposante. La noble femme était assise dans un modeste fauteuil, tandis que ses pieds reposaient sur un Prie-Dieu, appuyé à la muraille et surmonté d'une grande croix d'ébène : « Mon enfant, dit-elle.... ».

» Je pleurais silencieusement, la tête appuyée sur l'un de ses bras, qu'elle ne retira pas....

» Les accents de cette voix aimée retentissent encore délicieuse-ment à mon oreille et me font battre le cœur ; ils me rappellent cet heureux temps de ma vie, où je ne soupçonnais, ni l'injustice, ni la bassesse de ce monde, que j'étais appelé à connaître sous toutes ses faces. » (p. 71, 72).

Plus tard, Alexina B..., se trouve en présence d'une autre reli-gieuse, sœur Marie-des-Anges, qui est chargée d'une fonction de surveillance dans une école normale d'institutrices, où elle entre à l'âge de 17 ans. La religieuse est amenée à lui faire une réprimande et à rappeler Alexina au « sentiment d'une réserve, que commandaient la morale et le respect dû à une maison religieuse. Je ne l'écoutais jamais sans pleurer, tant elle savait inspirer de ces accents qui n'avaient rien d'humain.

» J'ai assez vécu pour pouvoir dire qu'il est impossible de trouver rien de comparable à cette nature d'élite. L'homme le plus sceptique qui soit au monde, je le défie de vivre près d'une créature aussi noble, aussi pure, aussi véritablement chrétienne, sans se sentir porté à chérir une religion capable d'enfanter de pareils caractères. On me répondra qu'ils sont rares ; je le sais, malheureusement : mais ils n'en sont que plus admirables ; et, si tous n'atteignent pas une telle perfection, qui donc oserait l'exiger en eux ?

» Sainte et noble femme ! Ton souvenir m'a soutenu dans les heures difficiles de ma vie ! Il m'est apparu au milieu de mes éga-rements, comme une vision céleste, à qui j'ai dû la force, la conso-lation ! ! » (p. 88).

Dix-huit mois plus tard, cette même religieuse invitait Alexina pour une retraite, sans se douter que son ancienne élève était coupable de la corruption de Sara. « Que d'évènements passés dans ce court espace (de 18 mois) !... Que de choses semblaient me défendre l'entrée de cette maison, qu'habitaient l'innocence et la chasteté !.... J'avais besoin de ce calme religieux, au milieu des agitations toujours croissantes de ma vie ! Au moment peut-être, de mettre une barrière infranchissable entre le passé et l'avenir, j'avais besoin de me recueillir en face de Dieu !!!.... (p. 119).

Cependant, il fallut encore une année entière, il fallut surtout les supplications instantes de sa mère, qui la pressait d'expliquer son inconcevable conduite, pour qu'Alexina B..., consentît enfin à prendre le parti d'une résolution vraiment virile. C'est alors qu'il se rendit au confessionnal d'un Évêque.

A ce moment décisif, l'auteur des *souvenirs* se juge lui-même en ces termes : « Dans les circonstances ordinaires de la vie , j'ai souvent manqué de courage, d'initiative. En face du danger, je me relève. Le malheur me trouve plein de force. Il en était ainsi dans cet instant, où je jouais l'avenir de toute ma vie... La lutte probable me donnait un élan surnaturel » (p. 133).

Sa façon d'apprécier l'évêque mérite d'être rappelée : « La réputation de l'éminent prélat était universelle. Homme de génie par excellence, l'évêque de B... jouissait d'une suprématie incontestable dans l'Épiscopat français. Quant à ses diocésains, ils lui avaient voué un culte, qui ne peut se comparer. On était fier de lui. J'avais compris que là seulement, je trouverais conseil et protection... Je m'en approchai , non pas avec crainte , mais avec une énergie, qui tenait du désespoir... Ma confession fut entière... Le prélat m'avait écouté avec un religieux étonnement. Ce n'était pas en vain que j'avais compté sur son indulgence. Mes paroles étaient un cri de suprême détresse, auquel sa grande âme ne fut pas insensible ; son regard d'aigle avait mesuré l'abime ouvert sous mes pas... Mes aveux, si pleins de franchise, le prévenaient en ma faveur.

» Tout ce que la religion chrétienne peut offrir d'encouragements, de consolations, je le ressentis là !... Les quelques moments passés auprès de cet homme si grand sont peut-être les plus heureux de ma vie. « Mon pauvre enfant, me dit-il, quand son interrogatoire fut fini, je ne sais encore comment tout cela doit se terminer. M'autorisez-vous à user de vos secrets ? Car, bien que je sache à quoi m'en tenir sur votre propre compte, je ne puis être juge en pareille matière. Aujourd'hui même je verrai mon médecin. Je m'entendrai avec lui sur la conduite à tenir. Revenez donc demain matin , et soyez en paix. »

» Le lendemain, à la même heure, j'étais à l'évêché. Monseigneur m'attendait. « J'ai eu, dit-il, une entrevue avec le docteur H... Trouvez-vous dans son cabinet, aujourd'hui , avec votre mère. » J'avais prévenu celle-ci la veille. Son anxiété ne peut se décrire. A l'heure dite , nous étions chez le docteur. Ce n'était pas ce qu'on appelle un médecin généralement répandu ; mais c'était un homme de science dans toute l'acception du mot. Il avait compris toute la gravité de la mission qui lui était confiée ; elle le flattait dans son orgueil, parce que, assurément, c'était la première qui lui arrivât de ce genre, et je dois dire qu'il était à sa hauteur.

» Je ne m'étais pas attendu, néanmoins, à une investigation aussi sérieuse de sa part.

» Il me déplaisait de le voir s'initier de lui-même à mes plus chers secrets ; et je répondis en termes peu mesurés à quelques-unes de ses paroles qui me semblaient une violation.

» Ici, me dit-il alors, vous ne devez pas seulement voir en moi un médecin, mais un confesseur. Si j'ai besoin de voir, j'ai aussi besoin de tout savoir. Le moment est grave pour vous, plus que vous ne le pensez peut-être. Je dois pouvoir répondre de vous en toute sécurité, à Monseigneur d'abord, et sans doute aussi devant la loi, qui en appellera à son témoignage. » Je me dispense d'entrer ici dans le détail minutieux de cet examen, après lequel la science s'inclina convaincue » (p. 135).

Cependant, l'examen fait par le médecin troubla profondément Alexina, au point qu'il se demandait s'il n'était pas le jouet d'un rêve impossible.

Quelques jours après l'examen médical, Alexina va trouver l'évêque, qui lui conseille, pour éviter l'éclat que pourrait amener un départ précipité, de retourner quelques jours encore chez Mme P.... Là, Alexina raconte à Sara alors ce qui s'est passé ; celle-ci lui reproche de vouloir la quitter pour vivre « d'une existence libre, indépendante, qu'elle ne pouvait lui donner. »

« En effet, il y avait de tout cela dans l'espèce de dégoût, qui s'était emparé de moi. Je ne vivais plus. La honte que j'éprouvais en ma position actuelle avait suffi seule à me faire rompre avec un passé dont je rougissais » (p. 137).

Conservation du libre-arbitre.

Ce que le sentiment de l'honneur, du respect, de la personnalité d'autrui n'avaient pu obtenir, la parole de l'Évêque l'avait réalisé. — Sara était à l'abri de son séducteur. — D'autres jeunes filles, qui auraient été exposées à une égale corruption, se trouvaient également mises à l'abri. — Restait Alexina lui-même, qui parfaitement doué au point de vue intellectuel, exempt de tare pathologique, pouvait trouver cent manières de subvenir à son existence ; — mais il aurait fallu pour cela moins d'égoïsme, plus de persévérance, plus d'énergie surtout, une plus grande somme enfin de cette force morale, qui caractérise l'être vraiment viril.

Malheureusement pour cet infortuné, le côté affectif et le côté intellectuel de son être psychique étaient également développés, trop peut-être ; mais ils n'étaient point pondérés par cette mesure, cette sagesse, cette prudence, cette juste tempérance, tous ces éléments d'une âme fortement trempée pour faire face aux difficultés de la vie.

On a vu plus haut comment Alexina B*** reprit son rang dans la société, mais le reprit mal, l'occupa moins bien encore, et s'en tira par la lâche désertion du suicide !

Personne ne nous empêchera de penser que les sentiments religieux, qui l'avaient plusieurs fois retenu aux moments d'entraînement pervers, qui l'avaient délivré d'une situation lamentable, auraient pu l'arrêter encore au moment de sa décision dernière. — Mais *ses souvenirs* manifestent, jusqu'à l'évidence. qu'à ce moment critique, il ne lui restait plus rien des sentiments de jadis. Sa pensée ne révèle plus qu'une haine profonde de la société, comme on en trouve tant d'expressions déclamatoires, dans la presse et dans les clubs de nos jours agités.

Il ne faudrait pas croire pourtant que le dérèglement des mœurs et l'inversion sexuelle soient la conséquence nécessaire de l'état tératologique des hypospades et des autres sujets affectés de sexe douteux.

Le sujet observé par M. Guermonprez exprimait, de la façon la plus catégorique, combien il avait de sentiment de sa propre responsabilité. On a vu plus haut jusqu'à quel point et avec quelle persistance se réveillait le cri de la conscience dans l'âme d'Alexina B.... Il est donc incontestable que chez ces deux sujets la responsabilité existe ; et il leur aurait été possible d'éviter leur dérèglement.—Ils ne sont donc pas de véritables impulsifs. Ils ne sont aucunement des irresponsables.

Il n'est pas possible d'en fournir une preuve plus convaincante, que le simple fait du rapprochement des hypospades, qui ont mené toute une existence irréprochablement honorable.

M. Guermonprez nous rapporte l'histoire d'une personne actuellement encore vivante dans une petite ville de province, mariée comme femme, actuellement encore vêtue comme telle. Elle n'a jamais eu de règles. Elle n'a jamais pu accomplir l'acte du mariage avec son mari. Elle n'a pas de mamelles. Son visage est tellement velu qu'elle fait du rasoir un usage très assidu. Ceux qui la connaissent sont frappés de ses allures hommasses, dépourvues de grâce et d'élégance : ils la prennent pour une sorte de virago. — Les quelques confidences que son mari a faites à un médecin-ami, permettent de croire avec presque certitude que ce sujet est bien un hypospade, victime *ignorée* d'une erreur de sexe.

Cependant sa conduite est irréprochable. Sa vie s'écoule, actuellement encore, à l'âge de 60 ans, en soins de ménage, en pratiques religieuses, en pratiques charitables, telles que les lui permet sa grande fortune.

Beaucoup d'autres faits analogues demeurent probablement inconnus. — Mais il en est de publiés.

Worbe (*Bull. de la Société de la Faculté de Médecine de Paris*, 1815, N° X), rapporte l'observation de Marie-Marguerite, un homme inscrit comme femme aux registres de l'État-Civil.

Il grandit au milieu des jeunes filles, partageant le lit d'une sœur moins âgée que lui. Vers treize ou quatorze ans, survient une douleur à l'aine droite et une tumeur se manifeste dans cette région. Le chirurgien du village croit y reconnaître une hernie et fournit un bandage. Cet instrument mal supporté, est bientôt abandonné ; la tumeur descend dès lors à son aise et les douleurs disparaissent. Quelques mois plus tard, les mêmes faits se succèdent du côté gauche. A une double hernie, le chirurgien oppose un brayer double, qui est abandonné encore plus vite que le précédent. A seize ans, Marie, blonde, fraîche, bonne ménagère, est demandée en mariage : des motifs d'intérêt font repousser la proposition. Il en est de même d'une autre demande formulée trois ans plus tard. — Cependant, à mesure que Marie avançait en âge, ses grâces disparaissaient ; les robes de femme ne lui allaient plus ; sa démarche avait quelque chose d'étrange ; de jour en jour ses goûts changeaient ; ils devenaient de plus en plus masculins. L'intérieur du ménage, les soins de la basse-cour l'intéressaient moins qu'auparavant ; elle aimait mieux semer, herser, que de traire les vaches, que de faire couver les poules ; un peu plus de hardiesse, elle aurait volontiers mené la charrue.

« Ces dispositions viriles, les propos du chirurgien, (qui publiait que Marie était blessée de manière à ne pouvoir jamais se marier), n'empêchèrent pas une troisième demande. Ce mariage était également désiré par les deux familles. Toutefois les parents de Marie réfléchirent et se rappelèrent qu'elle n'était pas faite comme une autre; ils savaient qu'elle n'était pas réglée ; et, pour n'avoir pas de reproches à se faire dans la suite, pour ne pas abuser le fils d'un vieil ami, ils se décidèrent à faire examiner leur fille âgée de 19 ans. Le Dr Worbe, chargé de ce soin, renonce à peindre la surprise des personnes intéressées et présentes à cette visite, quand il annonça à Marie qu'elle ne pouvait se marier comme femme, puisqu'il était homme ! Marie versa des larmes en abondance... La plus répétée de ses exclamations était : « Je ne pourrai donc jamais m'établir ! » Il fallut plusieurs mois pour accoutumer absolument Marie à l'idée qu'elle n'était pas femme. Enfin, prenant un jour une bonne résolution, elle voulut se faire solennellement proclamer homme; présenta sa requête au Tribunal de première instance de Dreux :.... « Se reconnaissant aujourd'hui pour être du sexe masculin, supplie de réformer son acte de naissance ; et de déclarer que mal à propos on l'a inscrit comme appartenant au sexe féminin ; ordonner en outre que le jugement sera inscrit sur les registres courants de l'état-civil de la commune de Bu ; etc... Toutefois, et en cas de besoin, être ordonné préalablement que trois docteurs en médecine et en chirurgie seront désignés pour faire leur rapport, après examen suffisant, et qu'il sera appelé qui de droit. »

« Le 9 octobre 1813, l'expertise aboutit aux constatations suivantes : « Examen fait, nous avons reconnu que le scrotum était divisé dans toute son étendue ; dans chacune de ces divisions , un corps, que nous reconnaissons être un véritable testicule, dont le droit est plus volumineux et plus descendu que le gauche ; et, entre ces deux corps, une prolongation charnue, ayant une fente à son extrémité et imperforée , recouverte par un prolongement de la peau, qui n'est autre chose que le prépuce et sa prolongation ; la verge très peu développée ; et au-dessous, à un pouce et demi environ en avant de la marge de l'anus, une ouverture qui est la véritable ouverture de l'urèthre ; quant au reste du corps, nous n'avons rien vu d'extraordinaire , si ce n'est un développement plus considérable des mamelles, que nous attribuons à la forme des vêtements, qu'elle a portés jusqu'à ce moment. *Nous estimons que le véritable sexe de Marie-Marguerite N.... est le masculin.*

» Le ministère public trouva le rapport incomplet, en ce que les experts s'étaient bornés à l'examen des parties sexuelles et qu'ils n'étaient entrés dans aucun détail sur l'habitude du corps ; que, par exemple, ils ne s'étaient expliqués ni sur la voix, ni sur la barbe, etc.

» Le Tribunal adopta les conclusions des experts ; déclara Marie-Marguerite N... appartenir au sexe masculin ; ordonna qu'il quitterait les habits de femme et que son acte de naissance serait et demeurerait rectifié. Les considérants du jugement portent que cette rectification est également d'ordre public et de l'intérêt légitime de l'individu, dont est question.

» Faire son entrée virile dans le village, dont les habitants ne l'avaient encore vu que sous des habits de femme, n'était pas la chose la moins embarrassante pour Marie; mais, surmontant toute fausse honte, le dimanche, il fut à la messe, pénétra jusqu'au chœur de l'église, et prit place avec les hommes. Après ce coup d'éclat et décisif, protégé par celui qui naguère était son amant, Marie se rendit dans les lieux fréquentés par les jeunes gens de son âge et partagea leurs divertissements. Marie a bientôt quitté toutes les habitudes féminines : d'excellente ménagère, il devint, en très peu de temps, bon laboureur. Il n'a pas tenu à des ignorants, à des méchants, qu'il ne fût un brave militaire : il se rendit devant le conseil de recrutement d'Eure-et-Loire et se conduisit irréprochablement, lorsque les Prussiens vinrent faire des réquisitions dans l'arrondissement de

Dreux. Un an après le jugement, l'entourage s'est accoutumé au changement ; on n'y pense plus ; on n'en parle plus.

» Vers vingt-trois ans, une barbe blonde commence à cotonner sur la lèvre supérieure et à son menton ; le timbre de sa voix est mâle ; sa peau est très blanche et sa constitution robuste ; ses membres sont arrondis, mais bien musclés ; la conformation du bassin ne présente aucune différence de celui d'un homme ; les genoux ne sont pas inclinés l'un vers l'autre ; ses mains sont larges et fortes ; les pieds ont des proportions analogues. Cependant, si l'on considère ses seins, on les prendrait, à leur volume, pour ceux d'une jeune fille ; mais ils sont piriformes ; leur mamelon est peu saillant. Le pubis est couvert d'une assez grande quantité de poils... Dans les replis génitaux de la peau, on sent deux corps suspendus ; à chacun un cordon sortant de l'abdomen par l'anneau sus-pubien... On ne peut douter que ces corps ne soient de véritables testicules tenant aux cordons spermatiques, quand on a eu plusieurs fois l'occasion de palper ces organes chez différents sujets, tant dans l'état sain que dans l'état malade.

» Au point de vue moral, Marie conserve encore beaucoup de cette pudeur virginale, qui, sans doute, a été cause qu'il s'est longtemps ignoré lui-même... » (Marc, *Dictionnaire en 60 volumes*. Paris, 1817, p. 90-95).

La sauvegarde des bonnes mœurs est donc possible pour un sujet intelligent et bien élevé.

Il en est de même pour un sujet moins favorisé à tous les points de vue. Home en a fourni la preuve (cf. *Ibidem*, p. 102), en rapportant l'histoire d'un soldat de la marine, âgé de vingt-trois ans et observé par lui à l'hôpital de la marine de Plymouth :

« Il n'avait pas de barbe ; ses mamelles étaient aussi volumineuses que celles d'une femme adulte ;... les testicules n'étaient pas plus volumineux que chez les fœtus ; et le malade n'avait jamais éprouvé de désirs vénériens ; il était faible de corps et d'esprit »

Les troubles psychiques des sujets affectés de sexe douteux sont donc comparables à ceux des eunuques ou des castrats.

Mais ils sont tellement variables, qu'il est impossible d'en établir un type unique.

Ce sont tantôt des faibles d'esprit, plus ou moins affectés de frigidité génésique.

Ce sont d'autres fois des êtres bien doués au point de vue de l'intelligence, des lettres. Dans certains cas, leurs tendances affectives sont aussi énergiques, plus peut-être, que celles des sujets bien conformés. — S'ils ont la sauvegarde d'un bon entourage, le secours de sages conseils, s'ils se mettent à l'abri d'entraînements compromettants, ils peuvent se maintenir, aussi bien que tous les autres, dans un état moral absolument irréprochable. — Si, au contraire, (et ce sont les cas les plus connus, sinon les plus fréquents), le malheureux sujet se laisse entraîner à ses penchants, à ses affections, sans résister à un instinct plus ou moins irréfléchi, sans avoir la sauvegarde d'une sorte de tutelle, on voit se succéder avec une redoutable rapidité : d'abord des ardeurs démesurées du sens génésique, puis des irrégularités qui prennent une forme passionnée, puis encore une exagération érotique, qui mène à la myélite et trouble plus ou moins profondément l'équilibre mental.

Ce sont enfin, quelquefois de véritables dégénérés, qui deviennent bientôt des impulsifs pour la corruption de leur entourage ; ce sont eux, qui réalisent, dans les conditions les plus redoutables, l'inversion sexuelle, qui forme comme le dernier degré de la perversité morale.

CHAPITRE IV.

SITUATION DES SUJETS DE SEXE DOUTEUX PAR RAPPORT AU MARIAGE.

La question du mariage des sujets de sexe douteux, est absolument différente, suivant qu'on l'envisage : — au point de vue naturel, comme le font les médecins ; — au point de vue du droit civil, comme le fond les jurisconsultes ; — au point de vue du droit religieux, comme le font les théologiens et les canonistes.

Pour les médecins, un homme privé de ses testicules, une femme sans ovaires, sont également des castrats. — Leur mariage, au point de vue de la fécondation, est donc sans résultat possible. — Également vaine serait l'union de deux individus de même sexe.

Pour les jurisconsultes, la discussion célèbre, qui a présidé à la rédaction du Code civil, a bien précisé que le mariage est l'union de deux êtres de sexe différent. Rien de plus. On ne se préoccupe ici ni de l'infécondité, ni de l'impuissance. Le mariage des femmes après la ménopause, celui des vieillards, celui des hommes anorchides, celui des femmes sans ovaires, sont également incontestés. Un mot célèbre caractérise la situation au point de vue du droit : « Le mariage EST, pourvu qu'il y ait âme d'homme d'un côté, âme de femme de l'autre ! »

Pour les moralistes, il faut avant tout que l'acte du mariage puisse s'accomplir complètement. — Si les conjoints sont de même sexe, le mariage n'existe pas. — S'ils sont de sexe différent, il faut encore que la femme puisse exercer son rôle passif, et l'homme son rôle actif : l'impuissance est à prendre ici en grande considération.

Intervention du médecin.

Le rôle du médecin paraît d'abord secondaire, dans la question du mariage des sujets de sexe douteux. Il ne lui appartient en effet, ni de ratifier les unions, ni de les déclarer nulles. Ce droit est dévolu aux magistrats. Mais, en réalité, chaque fois qu'une question de ce genre est portée devant les Tribunaux civils ou ecclésiastiques, la base d'appréciation de ces Tribunaux est toujours la même : l'expertise médico-légale. Et, dans tous les cas, le rapport de l'expert dicte la décision du juge.

C'est la question d'identité de sexe, qui se présente le plus souvent. Un homme mal conformé a été inscrit comme femme aux registres de l'État-civil; il a été élevé comme femme; il se marie comme femme. C'est pourtant un homme. Et son prétendu mari vient se plaindre d'avoir été uni à un homme. Le mariage sera déclaré nul, si le fait est démontré. — C'est à l'expertise qu'il appartient de faire la preuve. — Et la question posée au médecin par les magistrats est toujours la même : « De quel sexe est la prétendue Madame X*** ? »

Dans la plupart des cas, la réponse est facile. Depuis la constatation faite au moment de la naissance, des transformations se sont produites. Les testicules sont descendus, la barbe a paru ; les allures masculines prédominent. La solution s'impose.

Mais il est d'autres cas. Les incertitudes du début de la vie peuvent avoir persisté. Comme au moment de la naissance, on peut avoir à se demander encore si on a affaire à un hypospadias ou à une hypertrophie clitoridienne, à un vagin mal conformé ou à un manque de soudure du scrotum.

C'est alors que s'imposent les précisions d'un diagnostic toujours très laborieux.— Il faut rechercher alors les signes physiologiques qui sont propres à chacun des deux sexes.— Il faut considérer l'état général du sujet. — Il faut étudier son attitude et sa démarche.—Il faut surtout examiner avec le plus grand soin les organes génitaux.

1° Les *signes physiologiques* ont leur importance. L'apparition des règles d'une part, les pollutions nocturnes d'autre part, sont des faits précieux, chaque fois qu'on arrive à les constater nettement.—Les érections du clitoris ou de la verge, en face des individus de tel ou tel sexe, ne fournissent que de simples indices. Et il ne faut pas compter que la nature masculine ou féminine du sujet se révèle par un penchant déterminé. La fourberie, l'influence de l'éducation, la perversion du sens génésique, sont autant de causes d'erreur contre lesquelles l'expert doit toujours être en garde ;

2° Il faut considérer *l'état général*, sans perdre de vue toutefois que l'arrêt de développement a pour conséquence d'affaiblir chez l'homme les caractères de la virilité. — Mais, en général, l'homme est mieux charpenté ; il est plus fortement musclé que la femme —Le bassin de l'homme l'emporte par ses diamètres verticaux, celui de la femme par les diamètres horizontaux. — La largeur des hanches, comparée à celle des épaules, est plus considérable chez la femme. — La saillie du cartilage thyroïde, le timbre et l'étendue de la voix, la petitesse du mamelon, le développement du système pileux sont l'apanage du sexe fort. — Casper attribue une grande valeur, comme caractère distinctif des sexes, à la disposition des poils du pubis, plantés en cercle chez la femme, disposés chez l'homme en un triangle dont un angle se dirige vers l'ombilic. — Le relief des muscles n'appartient qu'aux hommes, « et c'est par exception, dit M. Brouardel, qu'on rencontre la saillie des muscles du mollet chez certaines femmes, comme les acrobates et les danseuses. » (1).

3° Il faut étudier ensuite l'attitude et la démarche générale du sujet,

« le premier point à élucider, dit M. le prof. Brouardel. Ceci est si vrai que, depuis un an (1887), ayant eu deux fois l'occasion de rendre au sexe masculin, dans mon cabinet, de soi-disant jeunes filles, la personne qui passait après me disait : Qu'est-ce que c'est que cette plaisanterie ? Qu'est-ce que c'est que ce petit jeune homme habillé en femme qui vient de passer ? »

C'est avec les plus grandes réserves, que nous rangeons comme élément de diagnostic, à côté de la démarche générale, l'attitude du sujet. — On connaît l'histoire de ce cocher, qui fumait, se grisait, jurait, avait eu deux blennorrhagies, toutes aptitudes très peu féminines, et sur lequel on trouva à l'autopsie deux ovaires et un utérus rudimentaire.

4° L'examen local est de beaucoup le plus important. — Si on pouvait affirmer à coup sûr la présence d'un testicule, la question serait jugée. — Mais les testicules restent presque toujours atrophiés et cachés derrière l'anneau. — Et, s'ils émigraient dans les grandes lèvres simulées, il faudrait toujours penser à la possibilité d'une hernie vaginale ou de la présence d'un ganglion.

---

(1) BROUARDEL, *l'hermaphrodisme*, in *Gazette des hôpitaux* ; Paris, janvier 1887.

Il faut donc chercher ailleurs les signes propres aux organes de chaque sexe. On considérera avec soin les caractères de la verge ou du clitoris, la profondeur de l'infundibulum, l'état des replis génitaux.

Enfin M. le prof. Brouardel a signalé trois signes locaux d'une grande importance. — 1° Le pénis rudimentaire présente à sa base un sillon, une sorte de bride cutanéo-muqueuse, qui le fait replier en bas. Jamais on ne trouve ce sillon sur le clitoris. — 2° Les grandes lèvres écartées, on ne trouve rien chez l'hypospade qui ressemble aux petites lèvres ; il n'existe pas un seul exemple de nymphes chez les hypospades. — 3° Ces pseudo-hermaphrodites ne possèdent pas non plus d'hymen. Et en supposant qu'on ait affaire à une femme, chez laquelle cette membrane a été détruite par le coït, on rencontrerait au moins des caroncules myrtiformes, ou des lambeaux déchirés.

En recherchant chacun des signes indiqués, le médecin arrivera le plus souvent à réunir une somme de probabilités, qui équivaudra à une preuve. Et il pourra répondre alors aux magistrats : « J'ai constaté tel et tel signe. J'en conclus que Madame X..., appartient à tel sexe ».

Si, au contraire, il n'a trouvé aucun caractère essentiel, qui lui permette de conclure, l'expert alors restera dans le doute et avouera son embarras. L'avenir peut-être élucidera la question. Mieux vaut, en tous cas, l'incertitude que l'erreur.

Le mariage civil des sujets de sexe douteux.

La question de la validité du mariage dans les divers cas de sexe douteux, qui peuvent se rencontrer, a été l'objet de nombreuses discussions juridiques, et de diverses décisions judiciaires.

D'après la lecture de divers arrêts et jugements rendus sur

la matière, nous croyons pouvoir rapporter à quatre chefs, les divers motifs invoqués jusqu'ici pour introduire une demande en déclaration de non-existence de mariage. — On s'est basé pour cette demande, — tantôt sur l'erreur dans la personne, — tantôt sur l'impuissance, — tantôt sur les déformations ou même l'absence complète des organes génitaux, — tantôt enfin sur l'identité de sexe.

1° On a invoqué à plusieurs reprises l'article 180 du Code civil. Cet article vise l'absence complète ou le vice du consentement, résultant de la violence ou de l'erreur. Dans les cas qui nous occupent, on s'est toujours basé sur l'*erreur dans la personne* pour demander la nullité du mariage. Et voici le raisonnement tenu : « J'ai prétendu épouser une femme, et une femme capable de remplir son rôle de femme ; je n'aurais pas consenti au mariage, si j'avais su épouser une femme qui n'en est pas une ; donc il y a vice de consentement, et le mariage doit être annulé ». — Eh bien, non. Nous pouvons dire qu'une action introduite dans ces conditions a le plus souvent échoué. Témoin un jugement de Riom en date du 30 juin 1828. Les jurisconsultes s'accordent sur l'application exacte de l'article 180. Ils reconnaissent que cet article vise l'identité physique, le cas où un homme a cru épouser Prima, et où il a épousé Secunda, chose presque inconnue dans la pratique. Quant à l'erreur sur les *qualités* de la personne, quoi qu'en dise M. de Molombe 1, la doctrine et la jurisprudence se refusent presque toujours à y voir une cause de nullité. C'est là une base trop incertaine, pour une matière aussi grave. Enfin, la demande en nullité qui reposerait sur l'article 180. se verrait le plus souvent paralysée par une fin de non-recevoir, tirée de l'article 181 cohabitation de plus de six mois depuis la découverte de l'erreur).

---

(1) De Molombe. *Traité du mariage et de la séparation de corps*, pages 403 et suivantes.

2° L'impuissance, qu'elle soit naturelle ou accidentelle, doit être absolument rejetée dans une demande en déclaration de nullité de mariage. Le mot d'impuissance n'est même pas prononcé dans le Code. Il ne saurait donc en être question. D'ailleurs, les travaux préparatoires du Code civil en font foi, le législateur a entendu écarter à tout jamais l'impuissance comme cause de nullité du mariage. Il fallait empêcher, à tout prix, les investigations scandaleuses de l'ancien Droit. Merlin s'en explique très clairement dans son *Répertoire universel et raisonné de jurisprudence* (tome VII, p. 736 et suiv.).

3° On a fait valoir l'absence ou les déformations des organes génitaux. Mais , en Droit , si la procréation est le but principal et naturel du mariage, elle ne l'est pas tout entière. La Cour de Caën a rendu, sur ce point, un arrêt très motivé, en date du 16 mars 1882. Nous y relevons, entre autres considérants : « Que
» le mariage est, avant tout, *consortium omnis vitæ*, c'est-à-
» dire l'union de deux personnes intelligentes et morales ; —
» qu'il doit être contracté entre un homme et une femme ; —
» que cette condition est nécessaire et suffit à son existence ;
» — que la femme ne peut être abaissée, au point de ne la
» considérer que comme un appareil sexuel, et de ne voir en
» elle qu'une organisation propre à faire des enfants et à sati -
» faire les passions du mari : — que la possibilité de la pro-
» création d'enfants et d'une cohabitation charnelle n'est pas
» absolument essentielle à l'existence du mariage ; — que
» cette possibilité fait souvent défaut , par exemple dans les
» unions *in extremis* et dans celles des vieillards d'un âge
» très avancé. » L'arrêt ajoute que le Code civil, dans le chapitre intitulé *Des demandes en nullité de mariage* , a admis plusieurs causes de nullité, dont l'énumération doit être considérée comme restrictive , et qu'au nombre de ces causes de nullité ne figure pas l'absence plus ou moins complète des organes sexuels.

4° Pour les cas d'*Identité de sexe* , nous ne pouvons mieux faire que reproduire ici un passage du savant travail de

M. Jalabert sur la question : « Que la différence des sexes soit
» une condition d'existence du mariage, c'est ce qui est
» évident en soi : toutes les définitions de l'union conjugale
» l'expriment et toutes les dispositions de la loi le supposent.
» Entre deux individus de même sexe, il n'y a qu'un simulacre
» de mariage ; aucune action n'est nécessaire ; aucune pres-
» cription ne peut être invoquée ; à toute époque, la preuve
» peut être apportée par les intéressés. Les Tribunaux n'ont
» qu'à constater le fait ; ils n'annulent pas ce qui était simple-
» ment vicieux, c'est-à-dire une union qui subsisterait et
» produirait ses effets sans cette annulation ; ils proclament
» l'inexistence de l'union naturelle et civile, qu'avait cru pro-
» noncer le Ministre de la loi, et de laquelle n'a jamais pu
» résulter aucun effet. » (1).

Voilà pour les cas bien nets, où il y a sûrement identité de
sexe, où l'expertise a conclu formellement.

Mais la question ne se présente pas toujours dans des termes
aussi simples. Serré par le questionnaire des Magistrats :
« Quel est le sexe de telle personne », le médecin lui-même
pourra être obligé de rester dans le doute.

Dans ce cas, il ne suffira pas d'affirmer les déformations
ou même l'absence d'organes. A elles seules, ces données
ne permettraient pas d'arriver à une annulation de mariage.
Tant qu'il n'y aura pas *identité de sexe*, tant que le sexe, par
conséquent, ne sera pas nettement défini, le mariage subsistera,
l'état-civil n'étant pas modifié.

Le Tribunal d'Alais (29 avril 1869), a semblé admettre, il est
vrai, qu'il n'était pas indispensable pour l'inexistence du
mariage que la prétendue femme fût formellement rangée
dans l'autre sexe. « Nous croyons cependant, dit M. Jalabert,

____

(1) JALABERT. *Examen doctrinal de Jurisprudence*, in *Revue critique
de Législation et de Jurisprudence*, XXII° année, nouvelle série, tome II,
p. 130.

» que la déclaration du sexe autre que celui donné par l'état-
» civil est absolument nécessaire pour que le mariage soit
» reconnu inexistant ; — que la différence des sexes étant de
» l'essence du mariage, et le genre neutre étant exclu,
» l'identité seule peut justifier la demande ; — qu'en consé-
» quence le tribunal, (pas plus que le médecin), ne peut se
» borner à constater que la femme ne possède pas quelques
» organes du sexe féminin, fussent-ils essentiels. Il faut encore
» qu'il reconnaisse la prédominance du sexe masculin. En
» d'autres termes, l'état-civil ne peut être négatif, et ce n'est
» pas par un argument *a contrario* qu'il peut être ratifié, il
» faut une affirmation positive et catégorique en sens
» contraire. »

Il faut donc bien conclure que si le médecin ne peut
déterminer quel sexe prédomine, le tribunal ne le déterminera
pas plus que lui, et l'état-civil ne sera pas rectifié. Et la rectification de l'état-civil étant la condition *sine quá non* de la
déclaration de nullité de mariage, on observera le *statu quo*,
et le mariage sera maintenu (1).

---

(1) Voici l'énumération des cas relevés dans les journaux judiciaires et
dans les recueils de jurisprudence que nous avons pu consulter :

1° 1765. Parlement de Paris, affaire Anne Grandjean, in *Repertoire
  Merlin* v. HERMAPHRODITE.

2° 1834. 17 déc. Tribunal de la Seine, affaire Lelasseur contre Beaumont.
  In *Gazette des Tribunaux*, 19 déc. 1834.

3° 1835. 12 janv. Affaire Miss Anna et Edward. In *Gazette des Tribunaux*.

4° 1850 à 1856. Jugement d'un Tribunal civil d'Allemagne. In Jalabert,
  Revue critique, 1873, p. 141.

5° 1872. Alais et Nîmes, in *Dalloz périodique*. 1re partie, page 52.

6° 1872. Montpellier, in *Dalloz périodique*, 2e partie, p. 48.

7° 1873. 6 mars. Jugement inédit d'un tribunal de Normandie (B...).

8° 1877. 7 juin. Cour de Riom. Affaire Blanquet contre Blanquet. In
  Dalloz périodique, 2e partie, page 32.

9° 1877. 2 août. Cour de Riom. Affaire Queuilhe contre Queuilhe. In
  Dalloz périodique, 2e partie, page 32.

10° 1882. 16 mars. Cour de Caen, in *Dalloz périodique*, 2e partie,
  page 155. Lire la note annexée à l'arrêt.

Le mariage religieux des sujets de sexe douteux

Le médecin peut être appelé à délivrer un certificat destiné aux Tribunaux ecclésiastiques. — On comprend, en effet, que les actes établis par l'autorité religieuse ne puissent être réformés que par cette même autorité. — Si le médecin accepte la fonction d'expert, il est indispensable qu'il connaisse le terrain sur lequel il doit fonctionner et qu'il apprenne la langue qu'il lui faudra parler.

L'Église, comme toutes les sociétés, a ses tribunaux ; ceux-ci sont formés par des juges ; des avocats y interviennent, non moins qu'un ministère public ; les noms seulement ont changé. Les juges sont assistés par des consulteurs; le *Defensor vinculi matrimonialis* fait fonctions de ministère public ; les juges sont ou les évêques — ou le Pape — et le Pape délègue ordinairement ses pouvoirs judiciaires à des réunions de cardinaux appelées Congrégations. Les sentences rendues engageront la conscience. Enfin la procédure en la matière est réglementée dans ses moindres détails, notamment par la bulle de Benoît XIV *Dei miseratione*, datée du 3 novembre 1741.

En aucun autre tribunal, on ne trouve des précautions plus grandes, on n'exige des garanties plus précises que celles qui sont demandées ici. — Il y a plus. — Avant de rendre son arrêt définitif dans les questions de nullité de mariage, l'Église exige toujours *deux* sentences conformes, rendues autant que possible par deux tribunaux différents. La sentence de l'évêque devra être ainsi ratifiée par celle de l'archevêque-métropolitain. Si le métropolitain a rendu le premier arrêt, on en viendra ensuite en Cour de Rome.

Il y a donc des cas où l'Église doit déclarer nul le mariage de deux individus. Nous ne considérerons que les causes qui se rapportent au *sexe douteux*. La législation ecclésiastique en pareille matière est nette. Pour qu'un mariage religieux soit valide, il faut que l'acte du mariage puisse s'accomplir, et qu'il puisse s'accomplir complètement. Voilà ce qui est exigé. L'Église n'exclut donc pas du mariage les inféconds : elle consent à bénir l'union de deux vieillards. — Mais elle exclut les impuissants. Et elle entend par impuissants tous ceux qui ne peuvent accomplir *complètement* l'acte du mariage.—Or, que faut-il pour que l'acte s'accomplisse complètement ? — il faut, d'une part, un vagin susceptible de recevoir le pénis ; — il faut, d'autre part, un pénis capable d'entrer en érection et de porter dans le vagin du liquide fécondant fourni par un testicule.

La femme est considérée comme passive dans le rapprochement des sexes, et son aptitude au mariage repose uniquement sur l'existence ou sur l'absence d'un *vas feminale*, ou vagin, susceptible de recevoir le membre viril. Il n'est donc pas nécessaire que la conception soit possible. Une décision récente (3 février 1887), porte qu'une femme, privée de ses deux ovaires par une ovariectomie double, peut validement contracter mariage. Il en serait de même pour une femme qui aurait subi l'opération de l'hystérectomie totale. Mais il ne serait autrement d'un sujet atteint de vaginisme, d'esthiomène vulvaire, de cancer vaginal, si ces affections s'opposaient à l'intromission du pénis.

L'homme, au contraire, est tenu d'accomplir son rôle actif dans l'acte du mariage. Et ce rôle doit être complet, c'est-à-dire qu'il doit comprendre l'intromission du pénis et l'évacuation du liquide fécondant. Tel est le principe. Hors de là, l'homme n'est pas dans les conditions voulues pour contracter mariage. Il ne faudrait pas croire, néanmoins, que l'analyse histologique du liquide séminal soit nécessairement requise pour en juger ; non plus que le Congrès admis par les anciens

7

jurisconsultes civils. Sans vouloir pousser les détails jusqu'à une précision que personne n'a jamais demandée, on peut dire qu'un empêchement dirimant du mariage existe pour un sujet paralytique incapable d'érection, ainsi que pour un sujet privé de ses deux testicules. On peut présumer qu'un homme dont les voies séminales seraient détournées vers le rectum, (soit par un traumatisme, soit par une opération chirurgicale comme l'extirpation d'un cancer de la région), serait aussi considéré comme n'ayant pas les aptitudes nécessaires au mariage.

Il est permis de discuter sur tous les autres points de détail, que révèle la multiplicité des faits de *sexe douteux*.

Cependant, M. Guermonprez pense — que, pour les sujets féminins, l'existence d'un vagin *pénétrable* suffit en tous cas ; — que pour les sujets masculins, l'existence du sperme constaté par les pollutions nocturnes d'une part, par l'évacuation du liquide fécondant se faisant directement à l'extérieur, d'autre part,— sont des conditions suffisantes pour empêcher la déclaration de nullité d'un mariage religieux. Ce peut être, d'après lui, la base d'appréciation de l'expert, si le Tribunal n'a pas cru devoir préciser davantage ses questions.

Nous connaissons désormais la loi. Il s'agit maintenant d'en obtenir l'application. La demande en déclaration de nullité du mariage doit être adressée à l'évêque du diocèse. La supplique est transmise à l'Official, un prêtre chargé d'exercer les fonctions judiciaires de l'évêque. Auprès de l'Official siège dans chaque diocèse un clerc appelé Defensor vinculi matrimonialis. Le Defensor a pour fonction de soutenir par tous les moyens juridiques la validité du mariage contesté. L'Official saisi de la question cite les parties, entend les témoignages, ordonne toutes les expertises nécessaires. Dès lors le procès suit son cours. Le Defensor en appellera de la décision, toutes les fois qu'elle conclura à dissoudre le mariage. On ira ainsi de l'évêque au Métropolitain, et de celui-ci à Rome. Là, l'affaire sera portée devant la Congrégation compétente (celle du Concile).

On trouve dans les *Acta Sanctæ sedis* (1), la relation circonstanciée d'un récent procès de ce genre. Voici les faits :

En 1855, Faustine M.... et Jean C.... se mariaient à Ceccano. Après onze ans de mariage, l'épouse était délaissée. On n'aurait su dire, à ce que prétendait Jean, si Faustine était un homme ou une femme.

Le mari en référa à l'évêque. Trois médecins de Ceccano furent commis à l'examen de la femme. Ils conclurent que Faustine appartenait très certainement (*certissimè*) au sexe féminin. Deux autres experts (des médecins de Ferentino) déclarèrent le contraire : ils certifièrent que Faustine était du sexe masculin.

On en référa alors à la Congrégation du Concile. Le procès fut ouvert incontinent. Les pièces étaient transmises dès le 15 avril 1870.

Le procès, à la suite des événements politiques de 1870, demeura en suspens de 1870 à 1884.

En 1884, d'autres difficultés s'élèvent entre Faustine et Jean. L'affaire est portée devant le Tribunal civil. Deux médecins de Frosinone, commis à l'expertise, déclarent sur la foi du serment que Faustine est un homme complet (*virum esse perfectum*) et que l'intervention d'une petite opération le rendrait capable de remplir un rôle actif dans l'acte conjugal. Se basant sur ces conclusions, le Tribunal civil déclare nul le mariage de Faustine M... avec Jean C...

Vers la même époque, sur les instances du mari, la Congrégation du Concile, saisie de nouveau, ordonne à l'évêque de Ferentino de faire procéder à un nouvel examen de Faustine. Des sages-femmes sont déléguées à cet effet. Elles déclarent que Faustine n'est ni homme ni femme et qu'elle est aussi incapable de remplir le rôle passif que la fonction active dans l'acte conjugal.

---

(1) *Acta Sanctæ Sedis*, *redacta studio Victorii Piazzesi*, vol. XXI, 1888.

C'est avec ces bases d'appréciation que l'affaire est appelée devant le Tribunal ecclésiastique de Rome. Les pièces du procès ne nous sont pas connues en détail. Mais elles se trouvent entre les mains de tous les fonctionnaires, qui ont été chargés d'en connaître.

Comme toujours en pareille matière, le Tribunal, avant de rendre sa décision, entend d'abord deux consulteurs, un théologien, et un canoniste. — Le théologien traite l'affaire au point de vue de la loi morale. — Le canoniste s'occupe de la question de droit. — Le Defensor vinculi intervient ensuite. — Puis l'affaire est mise en délibéré.—Un premier arrêt est rendu (24 mars 1888). Il en est appelé par le *defensor vinculi*, parce que la sentence se prononce pour la nullité du mariage. — La même procédure est suivie. Elle aboutit enfin à un second arrêt, qui porte la date du 18 août 1888.

La discussion du théologien est vraiment remarquable. Il s'agit, dit-il, de savoir si Faustine est un homme ou une femme. Or elle est un homme.

« Faustine est un homme, cela résulte de la conformation
« générale telle que la rapportent les experts : ses cheveux
« sont courts ; — sa lèvre supérieure, ses joues, son menton
« portent de la barbe ; —sa voix et grave ; —son sternum est
« long et large ; — sa poitrine est velue et dépourvue de
« mamelles ; — son ventre est plat ; — son bassin est étroit,
« surtout en bas et en arrière ; — son cou, ses bras, ses
« jambes sont fortement musclés ; — ses genoux sont rappro-
« chés l'un de l'autre (*genua sunt compernia*).

« Faustine est un homme, vu la conformation de ses organes
« génitaux. Tous les experts ont déclaré qu'elle n'était pas
« une femme, tous, sauf les médecins de Ceccano. Il suffira
« donc de réduire à néant les allégations de ces derniers. Ces
« allégations sont vraiment étonnantes : les médecins de
« Ceccano reconnaissent chez Faustine *tous les attributs du
« sexe masculin*, et ils en concluent qu'*elle est une femme* !

« Une pareille contradiction permet de croire à quelque chose
« comme une idée préconçue en faveur du sexe féminin de
« Faustine.

« Voici le premier argument des médecins de Ceccano :
« Faustine, pendant onze ans, a eu des rapports avec son mari,
« et de vrais rapports, avec pénétration du pénis dans un
« vagin véritable. Mais qui leur a dit que les rapports avaient
« été complets, avec pénétration du pénis dans un vagin ? Les
« actes du procès et les dépositions des parties affirment le
« contraire. Pour ce qui est des rapports, le mari dit qu'ils lui
« étaient difficiles et qu'ils restaient incomplets. Pour ce qui est
« de l'existence du vagin, Faustine elle-même avoue qu'elle
« manque de la cavité nécessaire aux femmes pour que le rap-
« prochement sexuel puisse s'accomplir.

« Le deuxième argument des médecins de Ceccano est tiré
« d'une triple affirmation de Faustine : 1° à seize ans, les règles
« auraient paru avec une certaine abondance ; — 2° actuel-
« lement encore, Faustine ressentirait à chaque période mens-
« truelle des douleurs dans le bas-ventre, douleurs qui se
« termineraient par une hémorrhagie notable ; — 3° pour ce
« qui touche aux impressions ressenties dans les rapproche-
« ments sexuels, Faustine aurait toujours éprouvé de la
« satisfaction dans les rapprochements qu'elle a eus comme
« femme. A ce passage du certificat de Ceccano, il convient
« d'opposer les arguments suivants : 1° les affirmations ne
« suffisent pas, il faut des preuves ; comment les experts savent-
« ils si les choses ont eu lieu en réalité comme le prétend
« Faustine ; 2° supposé néanmoins que les choses se soient
« passées comme elle le dit, il faudrait prouver que le sang
« provient réellement de l'utérus et non de la vessie. Quant
« aux douleurs, il resterait à démontrer qu'elles viennent
« régulièrement et cessent de même ; 3° enfin, ce qui détruit
« la valeur de ces affirmations, c'est qu'elles sont de Faustine,
« personnellement et directement intéressée ; or, Faustine a
« déjà été convaincue de mensonge dans le cours du procès

« tandis qu'aucune preuve n'est venue à l'appui de ses allé-
« gations si graves et si peu vraisemblables.

« D'après le troisième argument de Ceccano, il n'existe
« aucun des signes de la sécrétion du sperme, aucun des acci-
« dents dont souffrirait nécessairement Faustine si le sperme
« était sécrété. — Mais cet argument n'a rien de convaincant.
« Pour affirmer que Faustine ne porte aucun des signes de la
« sécrétion du sperme, il faudrait des examens minutieux et
« répétés. De plus, ces signes pourraient fort bien manquer
« le jour même où une éjaculation aurait eu lieu. Enfin il est
« des personnes très bien conformées, chez qui le sperme n'est
« sécrété qu'en très petite quantité et ce sperme peut refluer
« dans la vessie et en être évacué avec l'urine.

Le dernier argument des médecins de Ceccano repose sur
le fait suivant : « Faustine n'aurait qu'un simulacre de pénis ;
» ce que d'autres considèrent comme un scrotum serait une
» vulve ; et comme si tout cela ne suffisait pas, ils vont jusqu'à
» lui décrire un hymen et des petites lèvres comme à la mieux
» conformée de toutes les femmes. — Il vaut mieux écarter
» tous ces points relativement accessoires et rechercher sans
» plus tarder les éléments réellement principaux et prépondé-
» rants. Le sexe de Faustine sera nettement masculin, si elle
» est vraiment privée d'utérus et porteur de testicules. C'est
» ce qui existe, au dire des médecins de Ceccano eux-mêmes.
» Le toucher, pratiqué, tant par la voie rectale, que par la fis-
» sure scrotale, montre qu'il n'y a aucun organe entre la vessie
» et le rectum. Il n'y a donc pas d'utérus. D'autre part, les
» experts ont trouvé, dans le scrotum, un corps ovoïde, qui
» présente tous les caractères d'un testicule avec canal défé-
» rent se continuant vers le trajet inguinal.

» Faustine est donc bien un homme.— Le mariage est l'union
» d'un homme avec une femme. Or, on n'a ici que l'union d'un
» homme avec un homme. Donc le mariage n'existe pas. »
Le Théologien en avait fini. C'était le tour du Canoniste.

« Tout mariage, dit le Canoniste, est un contrat. Comme

» tout contrat, il a son objet et son sujet. L'objet du mariage,
» c'est le droit mutuel que les parties se donnent l'une à l'égard
» de l'autre. Le sujet, ce sont les personnes contractantes,
» lesquelles doivent être nécessairement de sexe différent, et
» avoir la possibilité d'exercer le droit reçu par le contrat.

» Dans l'espèce, le mariage est nul *ex deficientiâ subjecti*,
» c'est-à-dire par défaut de sujet convenable, parce que l'in-
» dividu qui figure dans le contrat comme femme, est en
» réalité un homme.

» Faustine est un homme, puisqu'elle avoue elle-même
» manquer de vagin et n'avoir pu pour cette raison consom-
» mer l'acte du mariage. On sait bien que Faustine n'a pas
» toujours dit la vérité. Mais le présent témoignage a été
» ratifié par diverses dépositions. D'ailleurs, elle n'a pas d'u-
» térus et elle présente les caractères distinctifs du sexe mas-
» culin.

» Faustine n'est pas femme. Donc il n'y a pas de mariage. »

Bien dure était la tâche du Defensor vinculi. Il s'appuie
sur le dire des médecins de Ceccano, sur les prétendues
règles, sur l'ectopie possible de l'utérus qu'on n'a pas assez
recherché, sur les divergences d'opinion au sujet des soi-
disant testicules, etc.

Le 24 mars 1888, un premier jugement décide un supplé-
ment d'information. Il fait droit à la réclamation du *Defensor
vinculi* qui conteste la compétence des sages-femmes. Et il
ordonne : « *Fiat nova inspectio a tribus peritis medico-chi-
rurgis, a S. C. designandis.* »

Les ordres formulés par le jugement furent régulièrement
exécutés. L'expertise eut lieu. Elle aboutit aux conclusions suivantes : 1° Faustine M*** est du sexe masculin ; —
2° elle n'est pas apte à consommer le mariage comme femme ;
— 3° l'inaptitude dont s'agit était antérieure à la célébration
du mariage, puisque dès 1855, elle était déjà définitive et
incurable.

Le rapport de la nouvelle expertise fut distribué à tous les membres de la Congrégation. Les plaidoieries furent recommencées. Et le tribunal rendit, à la date du 18 août 1888, son second et définitif arrêt, portant nullité du mariage de Faustine M*** avec Jean C***.

De l'exposé de ce long procès, nous retiendrons une seule conclusion. Elle est relative à l'expertise médico-légale. Régulièrement, pour examiner une femme, des matrones honnêtes sont requises. Mais il faut faire exception pour les cas où il est besoin d'une plus savante expérience : « *Major peritia quam in fœminis reperitur.* » C'est alors aux médecins, qu'il faut avoir recours, pour sauvegarder les graves intérêts du mariage : « *Tunc deputentur medici oportet, ne pereat facultas prohibitionum, aut matrimonium validum dissolvatur, aut irritum approbetur.* »

CONCLUSIONS

I. — Les sujets de sexe douteux sont des pseudo-hermaphrodites. Ils offrent les apparences des deux sexes simultanément. Ou bien ils présentent une conformation imparfaite de l'un ou de l'autre sexe.

II. — Le doute relatif à la nature du sexe est commun pendant l'enfance, et encore très fréquent pendant l'adolescence. — Il est souvent résolu au début de l'âge pubère : le sexe se caractérise mieux dans la période du développement et des impulsions du sens génésique. — Rarement il se décèle au moment du mariage. — Exceptionnellement, il persiste jusqu'à la mort.

III. — Au point de vue psychologique, les sujets de sexe douteux peuvent se rapporter à trois types : — 1° les uns sont des esprits faibles, sans impulsion génésique ; — 2° d'autres ont la sagesse de comprendre leur état d'infériorité. Ils s'abstiennent de s'exposer aux causes de démoralisation. Ils s'acquittent dans une mesure régulière de la fonction génésique qui leur est dévolue ; — 3° les plus connus sont égoïstes, méchants, dépourvus de sens moral, habituellement dépravés, souvent même entachés de la tare de l'inversion sexuelle.

IV. — Dans une expertise auprès des sujets de sexe douteux, le médecin-légiste doit rechercher, avant tout, s'il existe entre les deux conjoints une véritable identité de sexe. L'identité de sexe est le seul motif indiscutable de la non-existence du mariage.

INDEX BIBLIOGRAPHIQUE.

BAUHIN (GASPARD). — *De hermaphroditorum monstrorumque partuum natura.* Oppeinheim, 1614, in-12.

BECLARD. — *Cas de Madeleine Lefort. Deuxième bulletin de la Facullé de médecine de Paris,* année 1815. *Dictionnaire en 60 volumes,* Paris 1817, tome XXI, p. 98.

BODDAERT. — *Bull. de la soc. de méd. de Gand,* 1875.

BOUILLAUD. — *Exposition raisonnée d'un cas de nouvelle et singulière variété d'hermaphrodisme observée chez l'homme* (Journal univ. et hebd. de méd. et de chir. pratiques et des institut. médicales, Paris, 1833.)

BOUILLAUD. — *Variété d'hermaphrodisme* (Journal univ. et hebd. de méd. pratique, Paris, 1835.)

BRIAND ET CHAUDÉ. — *Manuel de médecine légale,* 10e édition, Paris, 1879.

CHÉROT. — *Du molluscum dendulum de la vulve. Faux hermaphrodisme par pseudo-verge latérale,* Thèse de Paris, 18 mai 1892.

CAESNET. — *Question d'identité, vices de conformation des organes génitaux, hypospadias.* Annales d'hygiène publique et de médecine légale, 2e série, tome XIV. Paris, juillet 1868, page 206.

J. Chevalier. — *L'inversion sexuelle, psychophysiologie, sociologie, tératologie, aliénation mentale. Psychologie morbide, anthropologie, médecine judiciaire.* Paris et Lyon, 1893.

L. Crecchio. — *Apparences viriles chez une femme,* il Morgagni, Napoli 1865. Annales d'hygiène publique 1866, tome XXV, 2ᵉ série, p. 178.

Cummings. — Suffolk district médical society, 10 janvier 1883. Boston médical and sing. journ. 1883.

Ch. Debierre. — *L'hermaphrodisme. Structure. Fonctions. État psycologique et mental. État civil et mariage. Danger et remède.* Paris 1891.

Descoust. — *Sur un cas d'hermaphrodisme.* Annales d'hygiène, 1886, tome XVI, page 87.

Duval (Jacques). — *Traité des hermaphrodites.* Rouen 1612, réimprimé à Paris, Isidore Lisieux, 1880.

Falcon. — *Notabilia supra guidonem scripta, aucta, recognita.* A Lyon M. D. LIX.

Prof. A. Filippi. — *Uomo o donna.* Estratto dal giornale *Lo sperimentale.* Fireze, 1881.

Gaffé (de Nantes). — Journal de méd. et chir. pratiques, fév. 1885.

Garnier. — *Du Pseudo-hermaphrodisme comme impediment médico-légal à la déclaration du sexe dans l'acte de naissance.* Annales d'hygiène publique et de médecine légale, 1885. tome XIV, 3ᵉ série, page 291.

Geoffroy St-Hilaire (Isidore). — *Des hermaphrodismes.* Dans l'histoire générale et particulière des anomalies de l'organisation chez l'homme et chez les animaux, t. II, 1836, in-8°.

Gerin-Roze.— Soc. méd. des hôpitaux de Paris, 28 nov. 1884.

Giraud. — Recueil périodique de la Société de médecine de Paris.

GOUJON. — *Étude d'un cas d'hermaphrodisme bisexuel imparfait sur l'homme.* Journal de l'anatomie et de la physiologie de l'homme et des animaux, de Robin. 6ᵉ année, Paris, 1869 ; p. 599.

GUERMONPREZ.—*Une erreur de sexe avec ses conséquences.* Annales d'hygiène publique et de médecine légale. Paris, septembre et octobre 1892.

G. HERMANN. — *Dictionnaire encyclopédique des sciences médicales,article* HERMAPHRODISME. Paris MDCCCLXXXVIII. 4ᵉ série, tome XIII, p. 609.

HOME. — *On the dissection of on hermaphrodites dog, with observations on hermaphrodites in general.* Dans transact. philos. de Londres, t. LXXXIX, p. 157.

PH. JALABERT. — *Examen doctrinal de jurisprudence civile.* Revue critique de législation et de jurisprudence, XXIIᵉ année, nouvelle série, tome II ; p. 129. Paris 1872-1873.

LAUGIER. — *Nouveau dictionnaire de médecine et de chirurgie pratiques*, article HERMAPHRODISME. Paris, 1873. Tome XVII ; p. 488.

LEBLOND. — *Du pseudo-hermaphrodisme comme impediment medico-légal à la déclaration du sexe dans l'acte de naissance.* Annales d'hygiène, 1885, tome XIV, p. 293.

LOBDER. — Bibl. chirurg. de Richster, XIII, 212.

J. LUCAS. CHAMPIONNIÈRE. — Journal de méd. et chir prat. Paris, 1885, LV, p. 66.

A. LUSITANI. — Medici physici praestantissimi, *curationum medicinalium centuriâ*, II. Ludduni MDLXXX ; p. 553.

MAGITOT. — Soc. d'anthropologie. Paris, 1881.

MAHON. — Encycl. Diderot et d'Alembert. 178.2. Cité par Maret, mémoires de l'Acad. de Dijon, tome II, dict. en 60 vol. p. 108.

MARC. — *Dictionnaire en 30 vol.*, article HERMAPHRODISME. 2ᵉ édition. Paris, 1837. Tome XV, page 241.

Marchand. — *Un cas d'hermaphrodisme bilatéral, utérus masculin très développé sur un hypospade cryptorchide.* Berl. Klin-Woch, 1883, p. 103.

Martens. — *Description, avec dessin, d'une conformation singulière des parties de la génération chez M. D. Durier.* Leipzig 1802.

Merlin. — *Répertoire universel et raisonné de jurisprudence,* tome VII. Paris MDCCCXXVII, p. 237.

J. Molleri. — *Discussus de cornutis et hermaphroditis eorumque jure.* Editio tertia. Bérolini, MDCCVIII.

Montaigne. — *Mémoires.*

Morand. — *De Hermaphroditis.* Thèse de Paris, 1749.

Odin. — *Hermaphrodisme bisexuel.* Lyon médical. tome XVI, p. 214, 1874.

Ovide. — *Métamorphoses.*

Ambroise Paré. — *Œuvres complètes,* livre XXV, chapitre VI. Paris 1607, p. 1015.

Parsons. — *Mechanical and critical inquiry into the natura of hermaphrodites.* London, 1741, in-8°. Traduit du chirurg. marat.*Mémoires de l'Acad. de Dijon,* tome II, cité par *l'encyclopédie Diderot et d'Alembert.* Paris an. VI, VII, 1902.

Péan. — Gazette des hôpitaux, 1884, p. 105.

Pline l'Ancien. — *Histoire du monde,* livre VII, chapitre IV ; *de mutatione sexus.*

Polaillon. — Bulletin de l'Acad. de médecine, 7 avril 1891.

Poppesco. — *De l'hermaphrodisme au point de vue médico-légal.* Thèse de Paris, 1874.

S. Pozzi. — *Nouveaux cas de pseudo-hermaphrodisme.* Soc. de Biologie, 1884 et 1885.

S Pozzi. — *Note sur deux nouveaux cas de pseudo-her-*

maphrodisme. Mémoire de la Soc. de Biologie, 1885, p. 21-29.

S. Pozzi. — Soc. d'Anthropologie, 5 déc. 1889.

S. Pozzi. — *Traité de gynécologie*, Paris, MDCCCXCII, p. 1096.

Raffegeau. — *Du rôle des anomalies congénitales des organes génitaux dans le développement de la folie chez l'homme*. Thèse de Paris, 1884.

B. Saviard. — *Nouveau recueil d'observations chirurgicales*. Paris, 1702, in-8.

Schneider. — *Der hermaphrodismus*. Dans Jarbucker der staatzarzeikunde, von Kopp, 1809.

Schott. — Soc. med. Vienne, 1886.

Schweikard. — Journal de Hufeland. Berlin, 1803, XVII, N° 18. Cl. Dictionnaire en 60 vol., p. 95.

H. Sicard. — *L'évolution sexuelle dans l'espèce humaine*. Paris, 1892.

Ambroise Tardieu. — *Question médico-légale de l'identité dans ses rapports avec les vices de conformation des organes sexuels, contenant les souvenirs et impressions d'un individu dont le sexe avait été méconnu*, 2ᵉ édition. Paris, 1874.

Tardieu et Laugier. — *Nouveau dictionnaire de médecine et de chirurgie pratiques*, article *hermaphrodisme*. Paris, 1873. Tome XVII, p. 507.

Tite-Live. — *Histoire romaine*.

Tourdes. — *Dictionnaire encyclopédique des sciences médicales*, article HERMAPHRODISME. Paris, MDCCCLXXXVIII. 4ᵉ série, tome XIII, p. 635.

Virchow. — Berl. Klin. Woch, 1872.

Willcock. — Pathological soc. of London, avril 1885.

Worbe. — Bull. de la Soc. de la Faculté de méd. de Paris,

1815, N° X. — Journal de méd. chir. et pharmacie. Paris, janvier et février 1816.

P. ZACCHIÆ. — *Quæstionum medico-legalium*. Lugduni, MDCCXXVI. — Tomus primus, lib. III, tit. I. Quæst. VIII et IX, p. 241, lib. VII, tit. I, quæst. VIII, p. 549.

Lille Imp. L.Danel.